普通高等教育“十四五”规划教材

国产卡伦特CAD习题集

陶 冶 陈 亮 主 编

中国农业大学出版社
·北京·

内容简介

本书面向国产软件——卡伦特CAD，编写并收录了大量极具特色的练习题。全书分为机械绘图实践、建筑绘图实践、考试应用三部分内容，涵盖了基础知识题目、高级绘图题目、专业图样题目和适合考试、竞赛的模拟题。

本书结构清晰，语言简练，结合机械、建筑等许多典型实例编写而成，由浅入深，循序渐进，突出实用性和先进性。本书既可作为高等学校相关专业的教材，也可作为计算机绘图技术研究与应用人员的参考书。

图书在版编目(CIP)数据

国产卡伦特 CAD 习题集 / 陶冶，陈亮主编. -- 北京 ： 中国农业大学出版社，2025. 6. -- ISBN 978-7-5655-3491-1

Ⅰ. TP391. 72-44

中国国家版本馆 CIP 数据核字第 2025PX9022 号

书　名	国产卡伦特 CAD 习题集 Guochan Kalunte CAD Xitiji		
作　者	陶　冶　陈　亮　主编		
策划编辑	赵　艳　司建新	**责任编辑**	赵　艳
封面设计	李尘工作室		
出版发行	中国农业大学出版社		
社　址	北京市海淀区圆明园西路 2 号	**邮政编码**	100193
电　话	发行部 010-62733489，1190		读者服务部 010-62732336
	编辑部 010-62732617，2618		出　版　部 010-62733440
网　址	http://www.caupress.cn	**E-mail**	cbsszs@cau.edu.cn
经　销	新华书店		
印　刷	北京溢漾印刷有限公司		
版　次	2025 年 6 月第 1 版　　2025 年 6 月第 1 次印刷		
规　格	210 mm×285 mm　16 开本　6.75 印张　102 千字		
定　价	29.00 元		

编审人员

主　编

陶　冶　南京航空航天大学金城学院

陈　亮　华南理工大学

副主编

杨　谆　北京建筑大学

唐整生　福建省工程图学学会

参　编

李茂盛　北京石油化工学院

张续冲　华南理工大学

杨传耀　厦门卡伦特科技有限公司

颜佳佳　厦门大学

孙金余　集美大学

饶金通　厦门大学

刘晓然　北京建筑大学

主　审

王建华　北京工业大学

前 言

计算机绘图是工科学生必须掌握的一门重要技能。它被广泛应用在机械、建筑、电子、航天、造船、石油化工、土木工程、冶金、农业、气象、纺织、家具制造及所有涉及工程的领域。近20年来，关于计算机绘图的教材已屡见不鲜，但所引用的软件几乎都是围绕着国外的CAD软件来讲解如何使用和实现计算机绘图。本书是以国产CAD为对象，全面介绍如何利用卡伦特CAD绘制工程图的习题集，可与陶冶、丁乔、张瑞秋主编的《国产卡伦特CAD教程》配套使用。卡伦特CAD是中国领先的自主可控云原生国产CAD软件，作为一款工程设计软件，它为工程设计人员提供了完善的二维工程设计与绘图功能，兼具机械、电气、建筑、教育特色设计功能，软件界面简洁易懂，上手时间短，能够让工程师快速高效地完成二维图形制作、设计资源共享、设计成果管理。

党的二十大报告指出："必须坚持科技是第一生产力、人才是第一资源、创新是第一动力，深入实施科教兴国战略、人才强国战略、创新驱动发展战略，开辟发展新领域新赛道，不断塑造发展新动能新优势。"我们在本习题集的编写过程中注重学生实践能力的培养，努力使理论与应用有机地结合起来。我们致力于培养学生的大国工匠精神、合作精神；提高学生的组织能力、沟通能力和创新能力，在内容的编排上，尽量覆盖所有的知识点，内容由浅入深，循序渐进，结构紧凑，图文并茂，而且突出了实用性和先进性。各章习题首先让读者认识并熟悉卡伦特CAD的基本操作，再结合机械、建筑专业绘图案例让读者充分了解并掌握卡伦特CAD的使用方法，通过练习达到灵活运用软件的目的。

本书内容编排有以下特点：

(1)可读性。全书习题精心选取、编排，许多案例贴近实际应用，突出重点，分散难点，帮助读者理解所学内容，达到触类旁通的目的。

(2)先进性。本书收录习题均符合近几年新颁布的《技术制图》《机械制图》等有关国家标准。

(3)适用范围广。本书不仅可以作为机械类专业学习使用,也可作为电子类、土建类等各专业学习和设计参考。

参与本书编写的有陶冶、陈亮、杨谆、唐整生、李茂盛、张续冲、杨传耀、颜佳佳、孙金余、饶金通、刘晓然。

全书由陶冶、陈亮统稿并担任主编,中国农业大学出版社为本书提供了许多宝贵的建议。感谢其他关心和帮助本书出版的人员。

由于编者水平有限,编写时间仓促,书中难免存在不足之处,欢迎读者指正。

编　者

2025年5月

目 录

第 1 章　机械绘图实践

1.1　基本操作

习题 1-1　按以下规定和参数创建图层，并进行线型、颜色、线宽等属性的设置。

表 1-1　创建图层的属性设置

图层名称	颜色（色号）	线型（描述）	线宽 /mm
粗实线	白（7）	实线 Continuous（粗实线用）	0.5
细实线	绿（3）	实线 Continuous（细实线用）	0.25
虚线	黄（2）	虚线 ACAD_ISO02W100（细虚线用）	0.25
点画线	红（1）	点画线 ACAD_ISO04W100（细点画线用）	0.25
双点画线	粉红（6）	双点画线 ACAD_ISO05W100（细双点画线用）	0.25
尺寸与标注	绿（3）	实线 Continuous（尺寸标注、公差标注、指引线、表面结构代号用）	0.25
剖面线	绿（3）	实线 Continuous（剖面符号用）	0.25
波浪线	绿（3）	实线 Continuous（ ）	0.25
文本	绿（3）	实线 Continuous（文本用）	0.25

习题 1-2 按 1∶1 比例设置 A3 图幅，画出下列图纸边界线和图框线（不标注尺寸）。

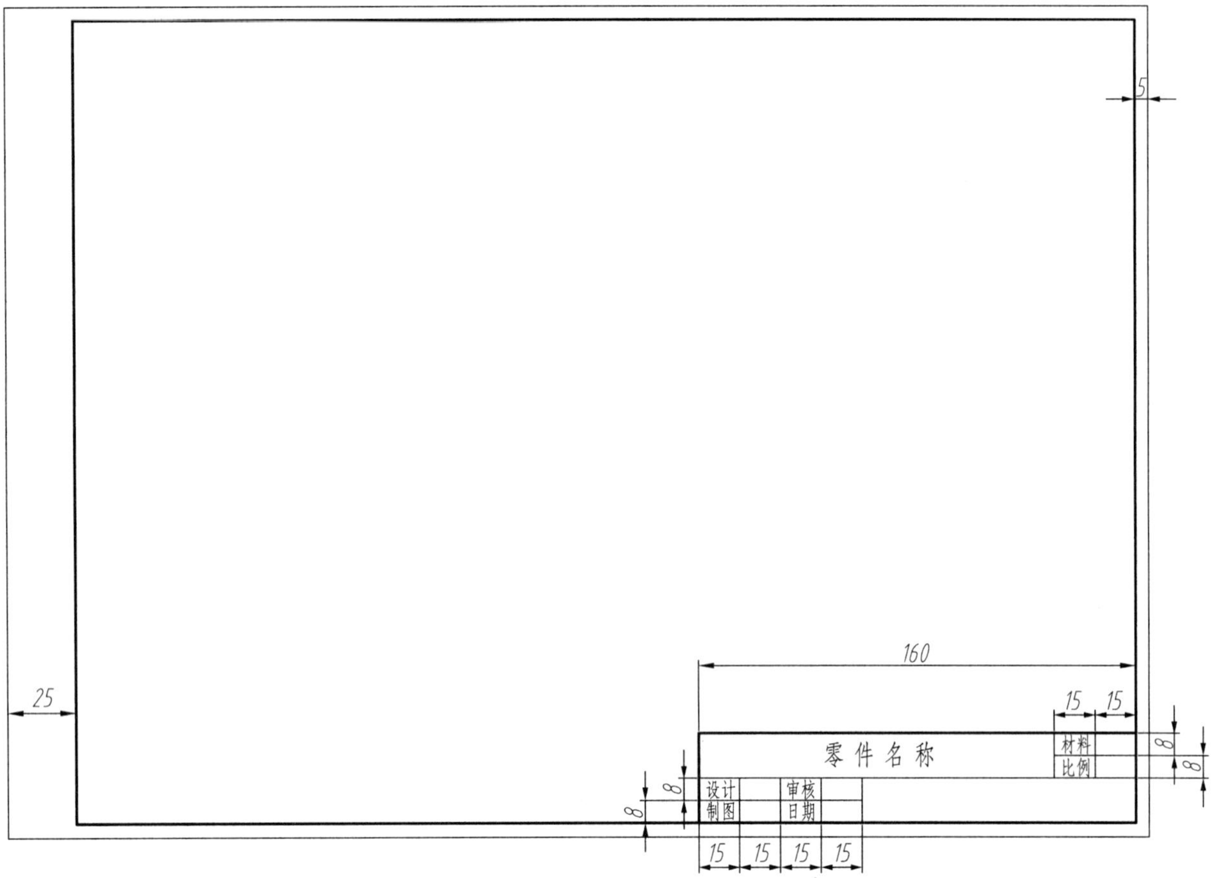

（a）

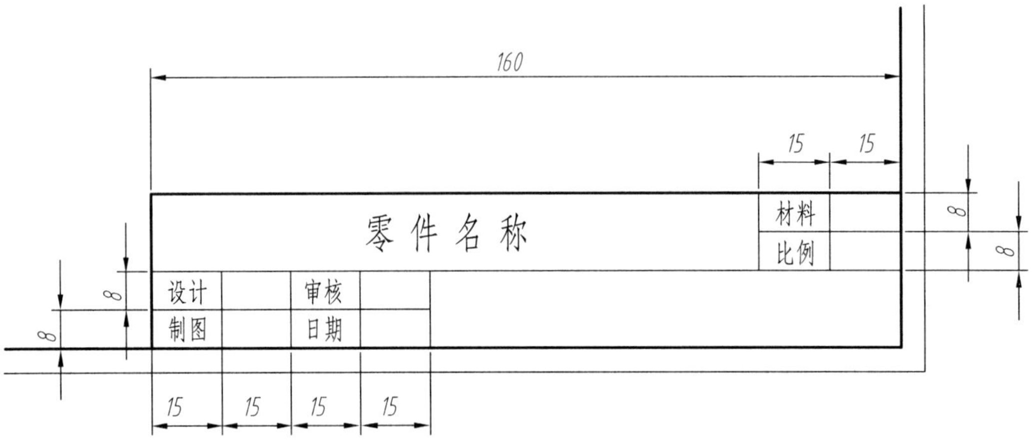

（b）

图 1-1

1.2　绘制简单图形

习题 1-3　利用点的绝对坐标、相对坐标，以及图线的几何关系，绘制下列图形。

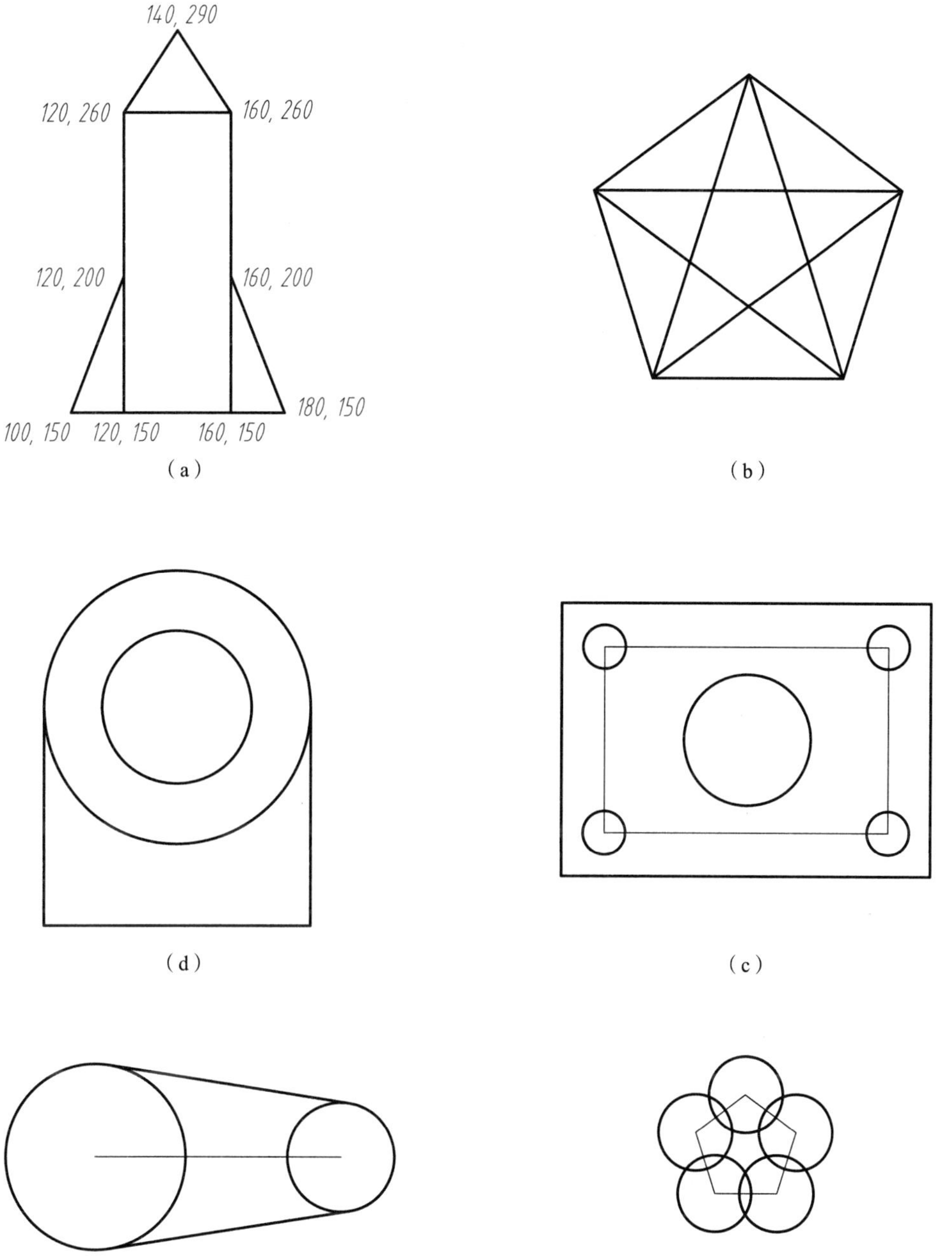

图 1-2

1.3 绘制平面图形

习题 1-4 利用点的相对直角坐标和正交、极轴追踪等辅助绘图工具，绘制下列图形，可不标注尺寸。

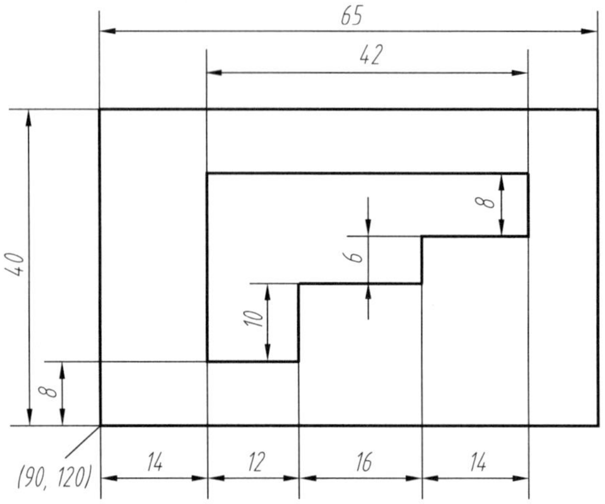

(a)

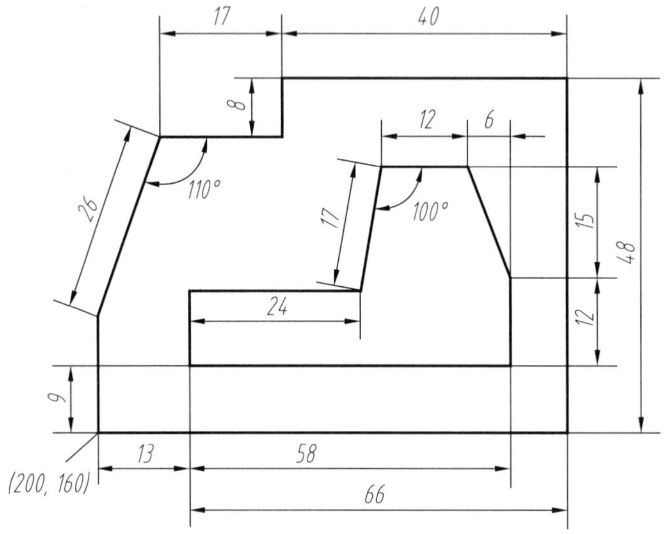

(b)

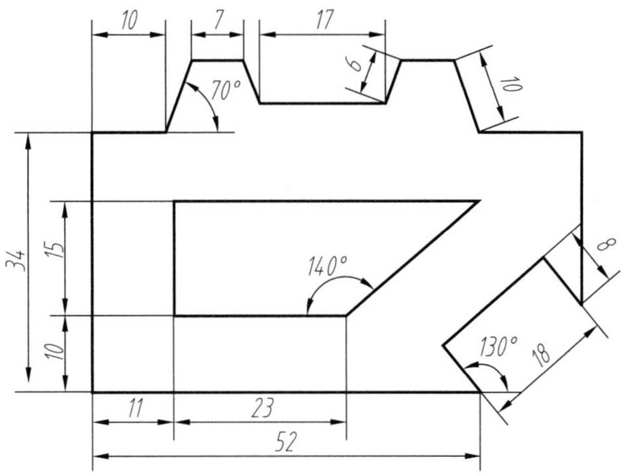
10
7
17
6
70°
10
34
15
140°
8
10
130°
18
11
23
52

（c）

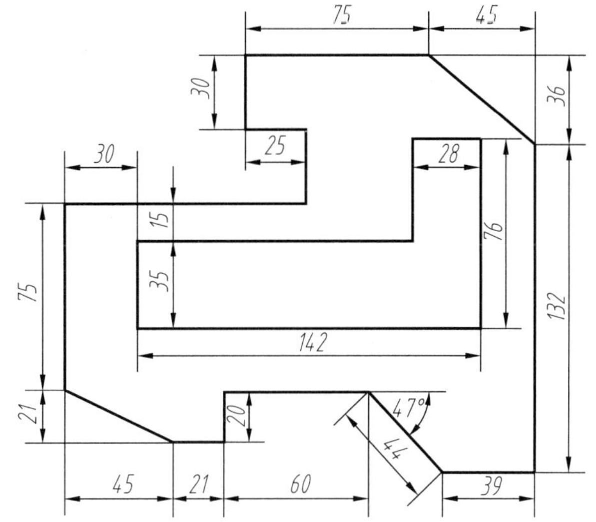
75
45
30
36
25
28
30
15
76
75
35
132
142
47°
21
20
44
45
21
60
39

（d）

图 1-3

习题 1-5 运用圆弧连接画法，按尺寸绘制下列平面图形，可不标注尺寸。

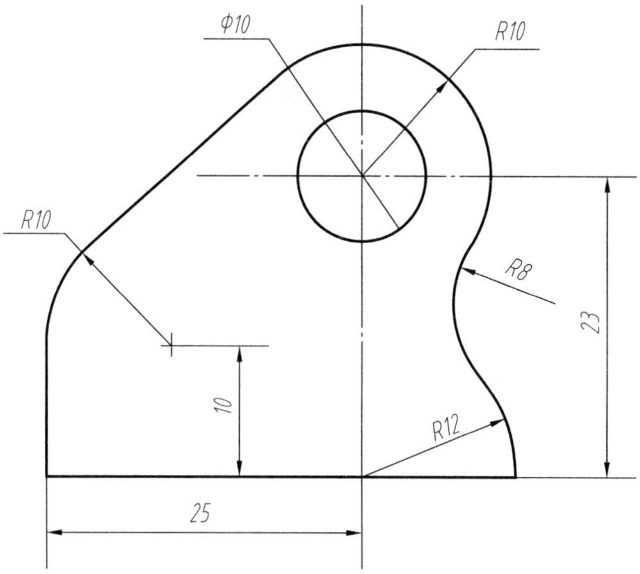

（a）

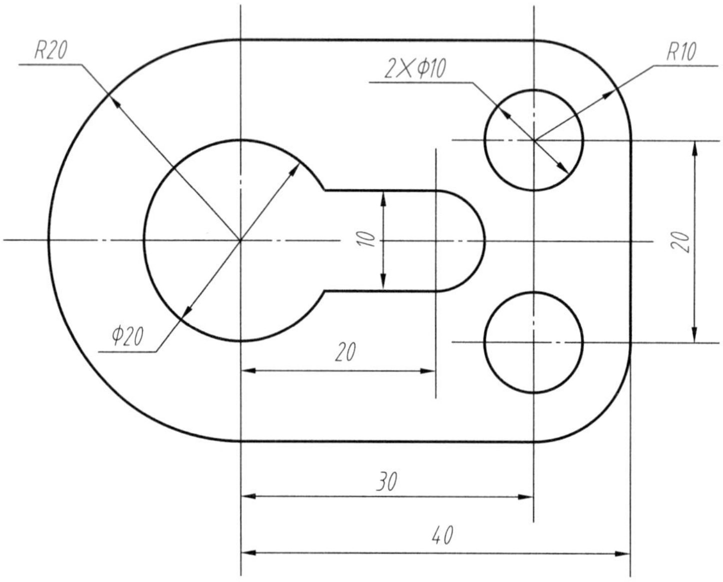

（b）

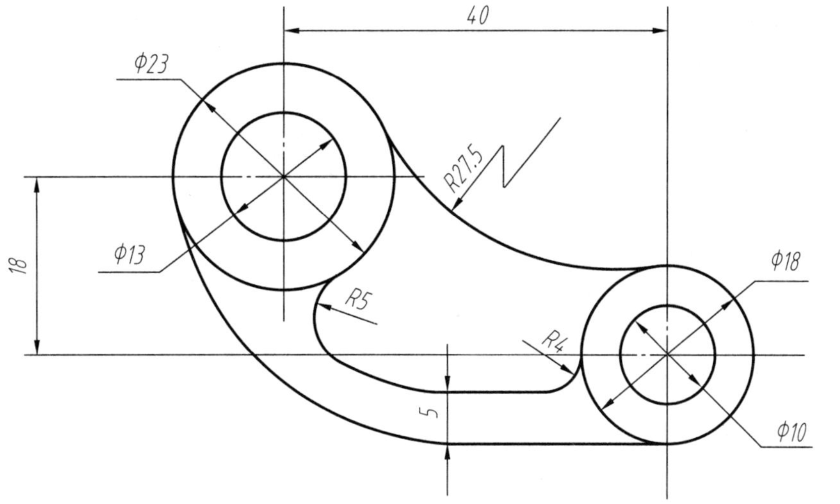

（c）

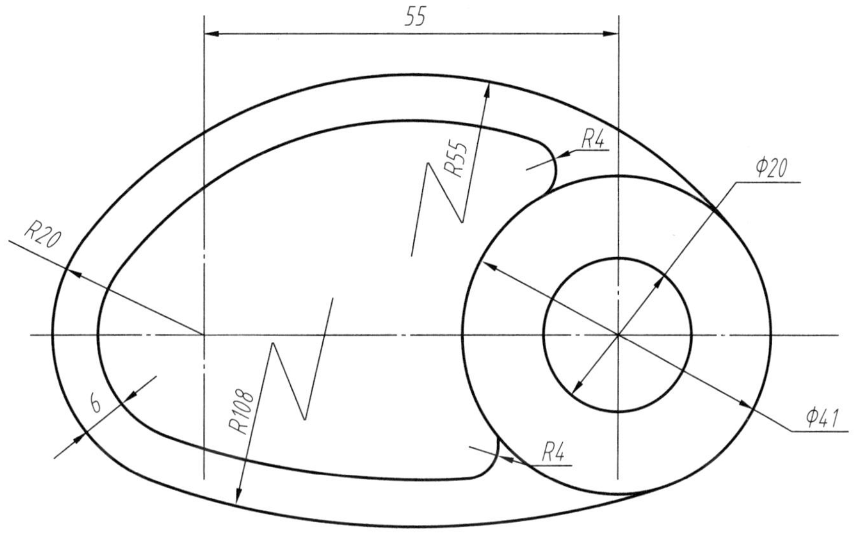

（d）

图 1-4

习题 1-6 运用圆弧连接画法，按尺寸绘制下列平面图形，可不标注尺寸。

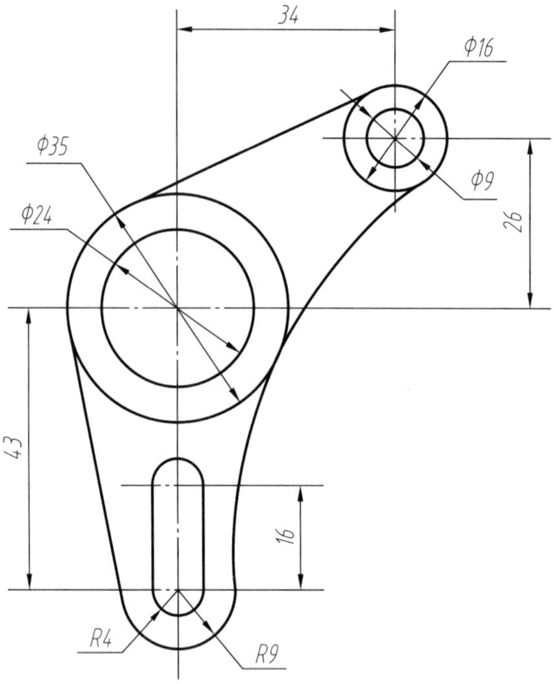

(a)

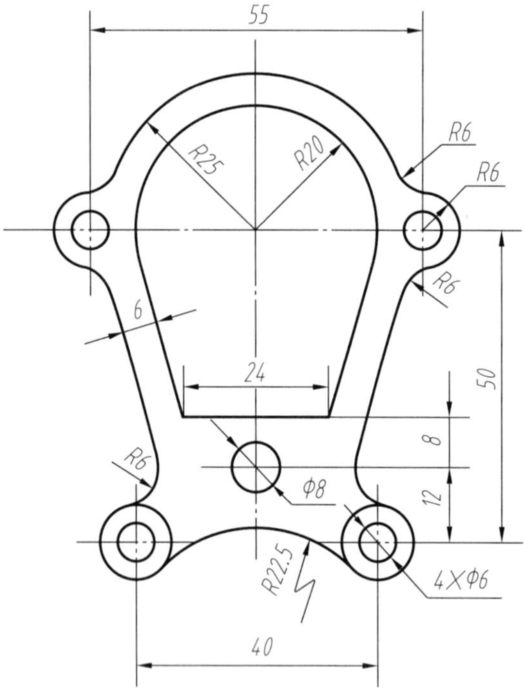

(b)

图 1-5

习题 1-7　运用直线、圆弧、阵列、修剪等绘图和编辑命令，按尺寸绘制下列平面图形，可不标注尺寸。

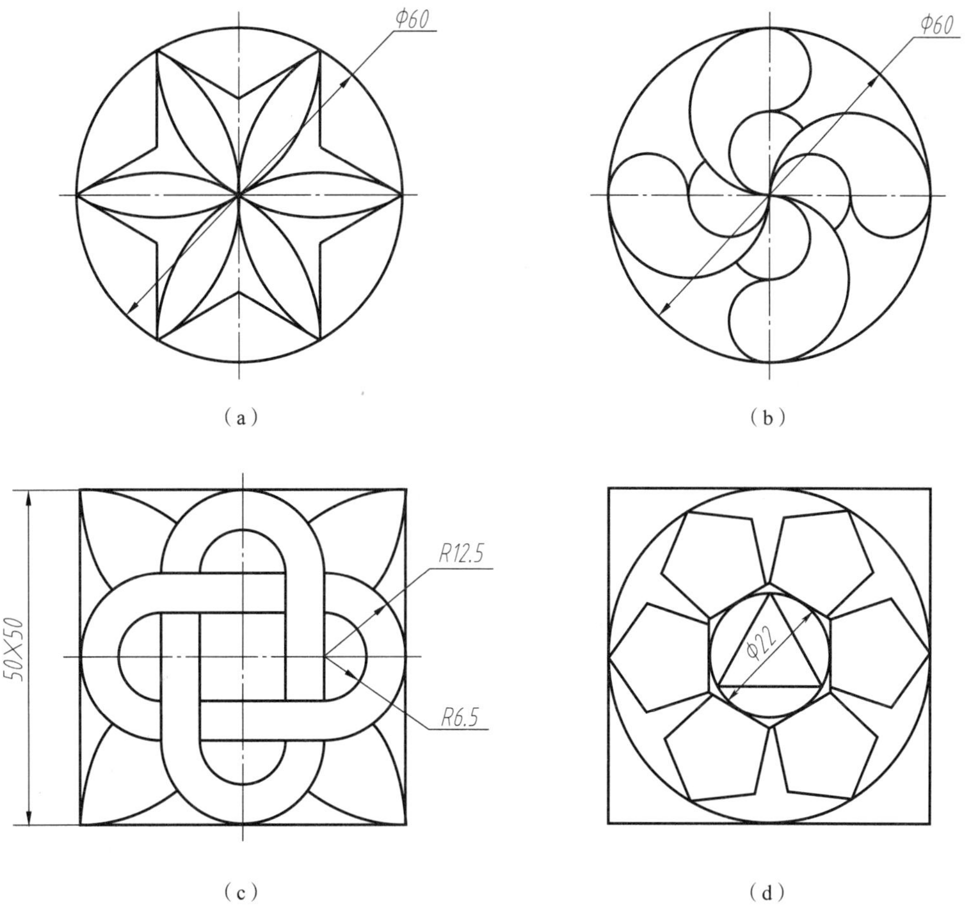

图 1-6

习题 1-8 运用直线、圆弧、阵列、修剪等绘图和编辑命令，按尺寸绘制下列平面图形，可不标注尺寸。

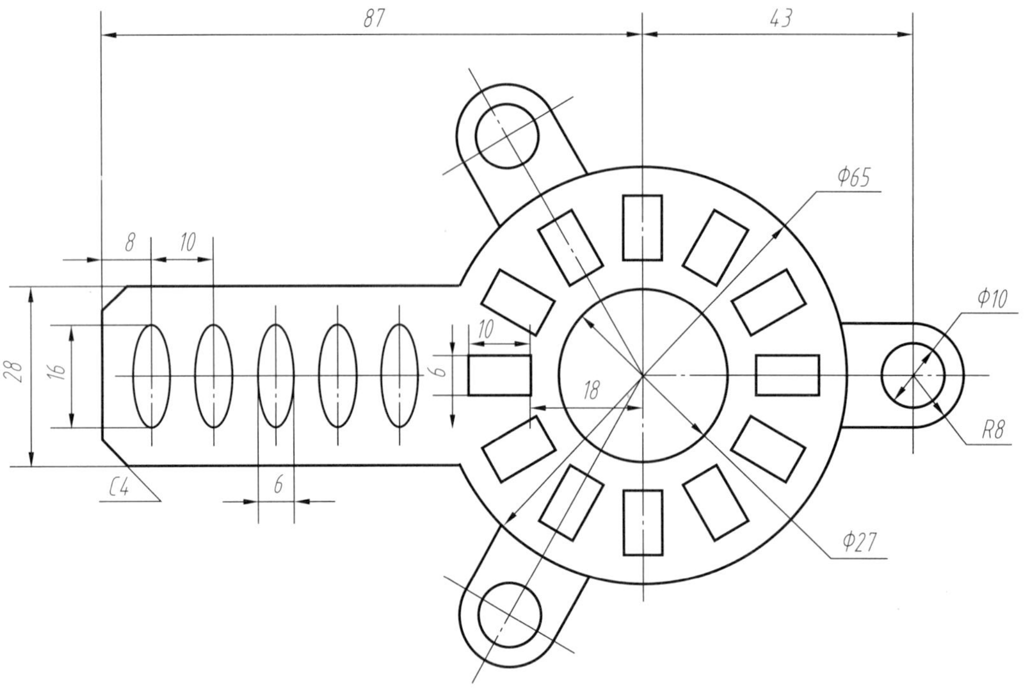

（a）

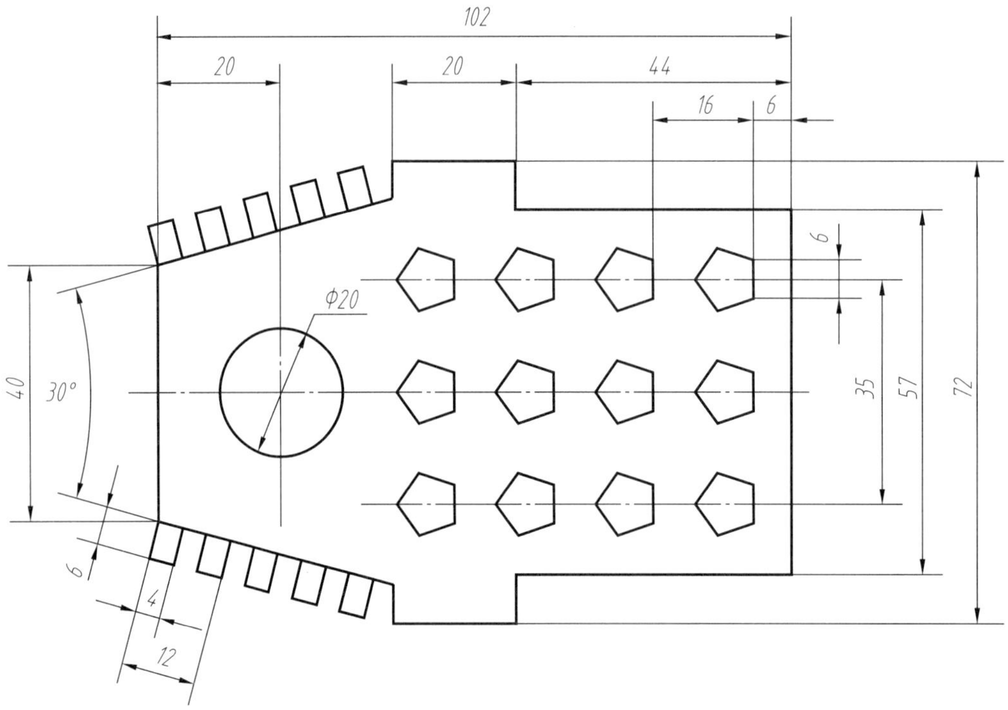

（b）

图 1-7

1.4　抄画组合体三视图

习题 1-9　按尺寸绘制下列组合体的三视图,可不标注尺寸。

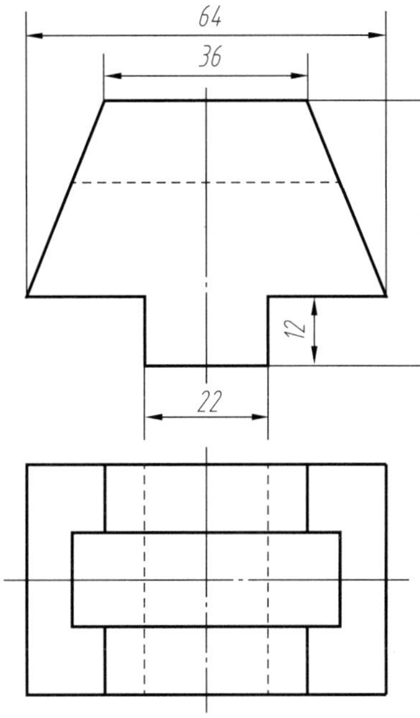

(a)

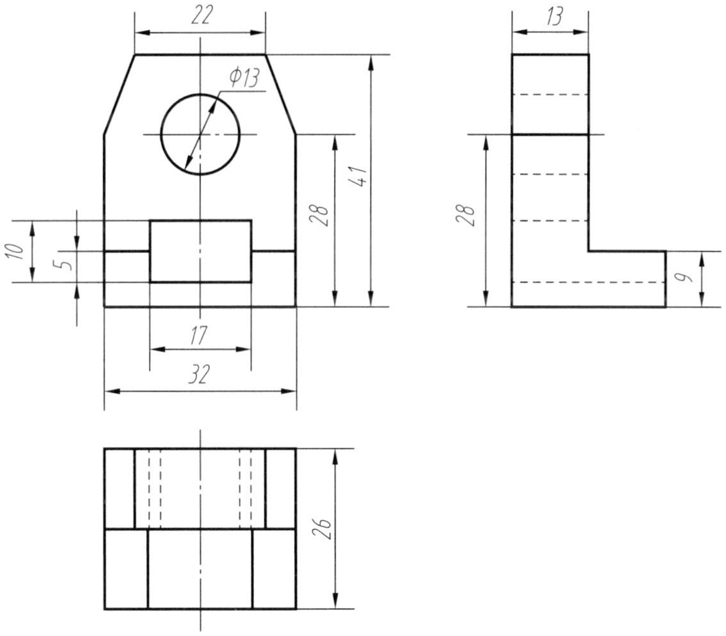

(b)

图 1-8

习题 1-10 按尺寸绘制下列组合体的三视图,可不标注尺寸。

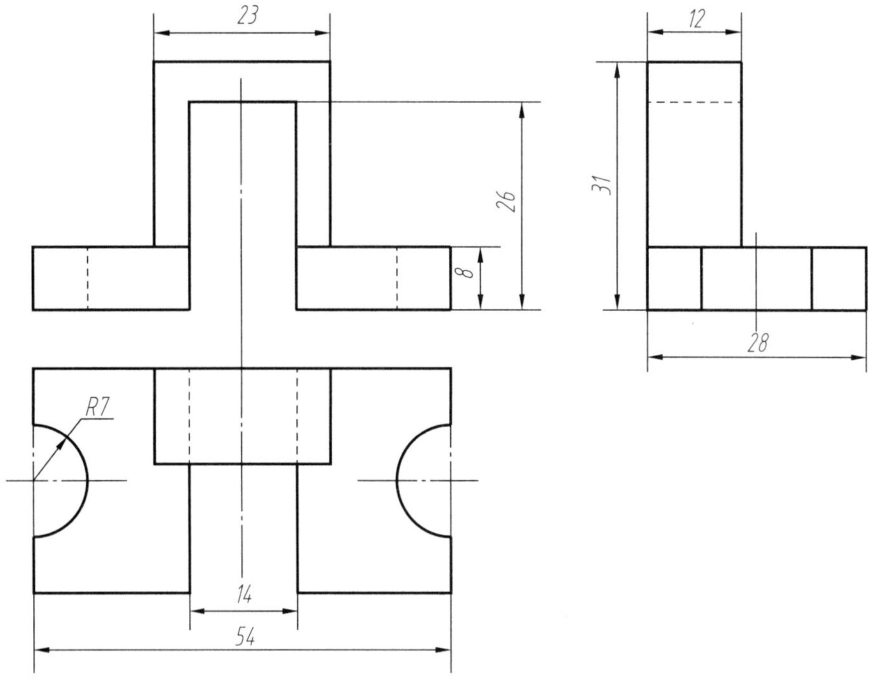

(a)

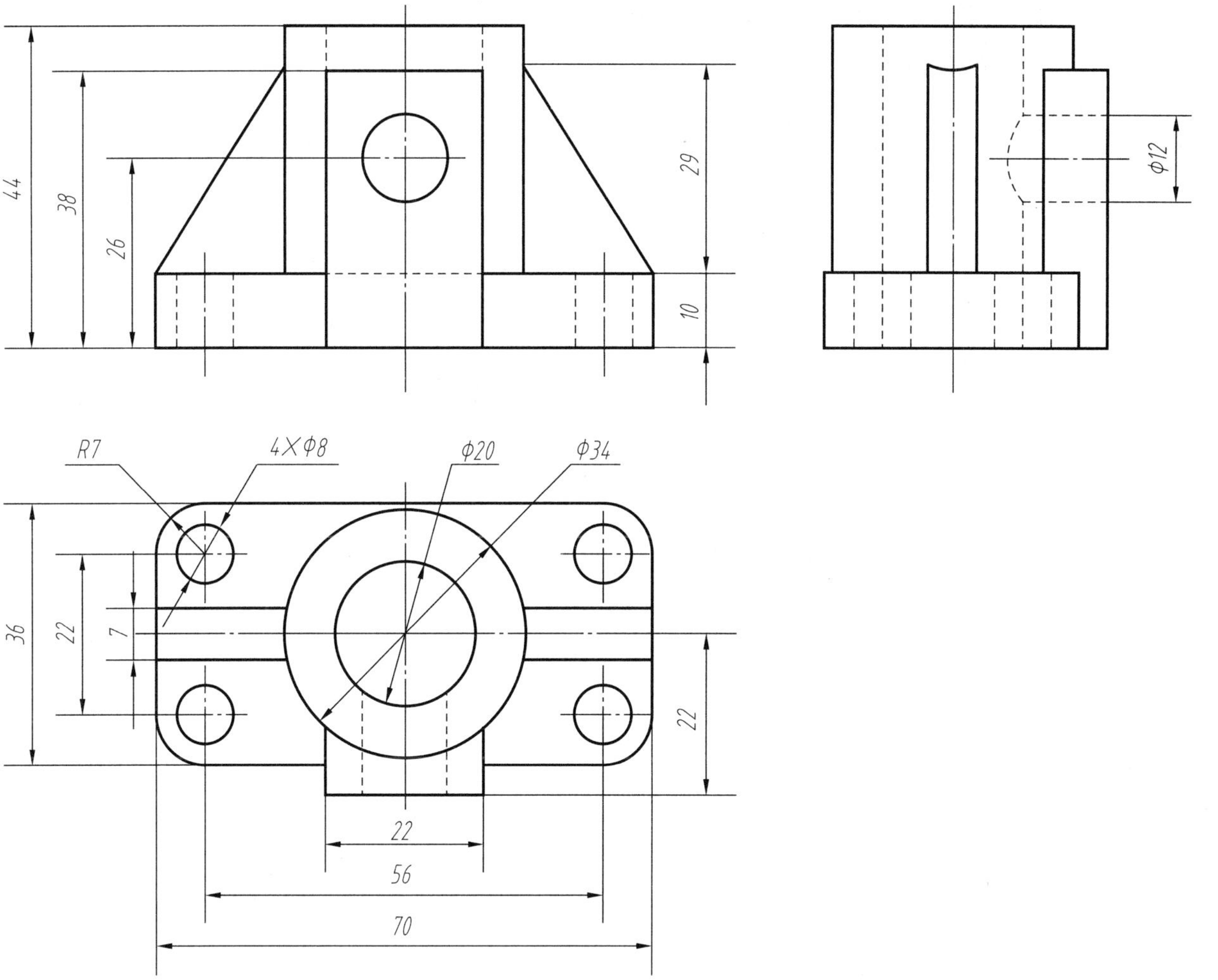

（b）

图 1-9

1.5 由轴测图绘制三视图

习题 1-11 根据所给形体的正等轴测图，绘制下列三视图，可不标注尺寸。

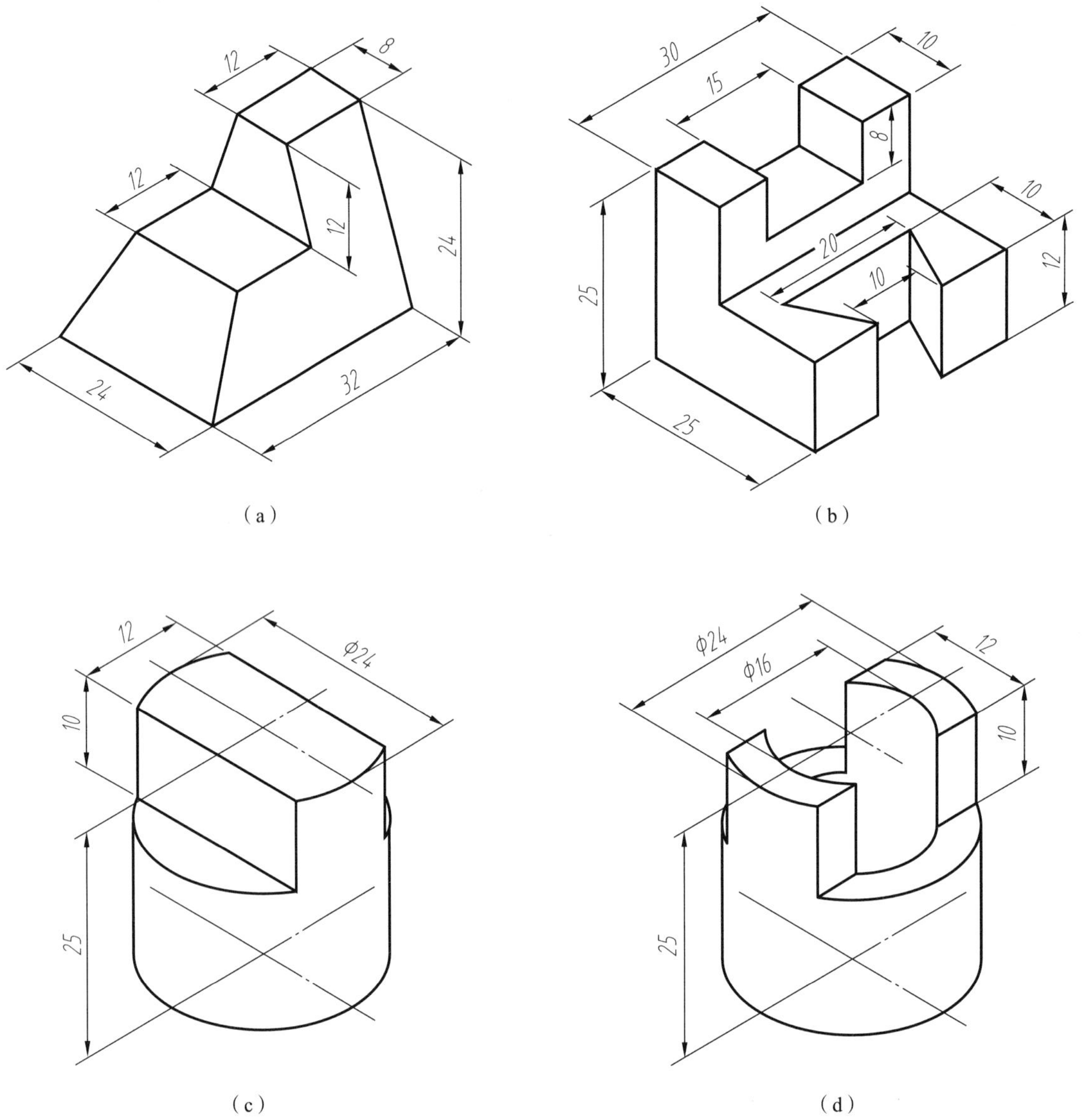

图 1-10

习题 1-12　根据所给形体的正等轴测图,绘制下列三视图,可不标注尺寸。

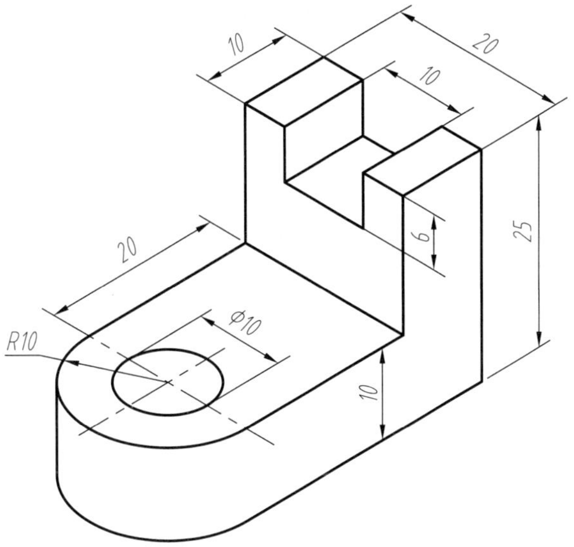

(a)

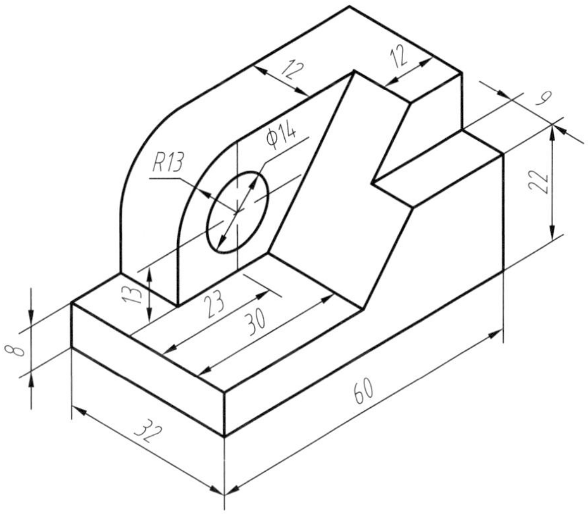

(b)

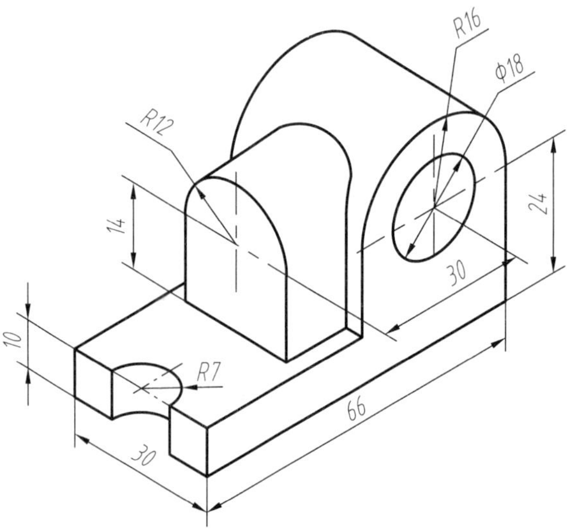
R16
Φ18
R12
14
24
30
10
R7
66
30

（c）

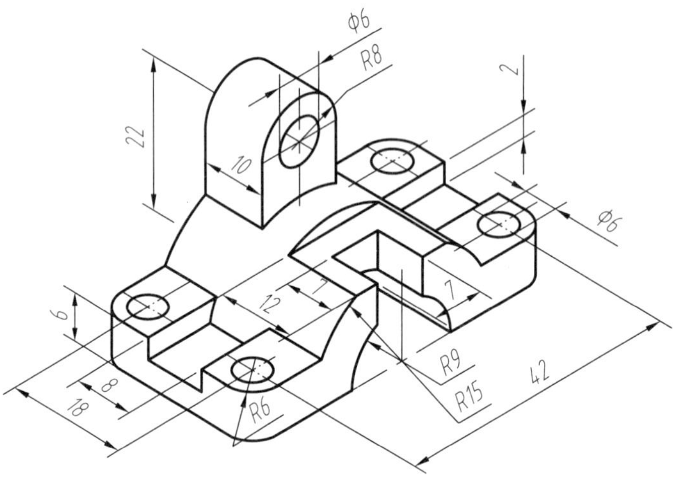
Φ6
R8
2
22
10
Φ6
6
12
7
7
8
18
R9
R15
42
R6

（d）

图 1-11

1.6　绘制剖视图

习题 1-13　按尺寸抄画下列所示的剖视图，可不标注尺寸。

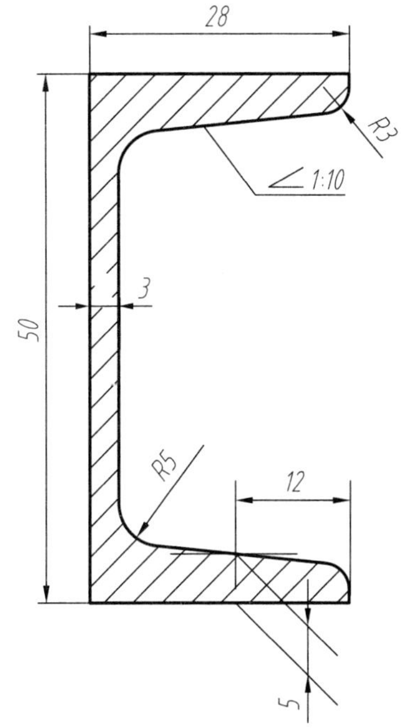

（a）

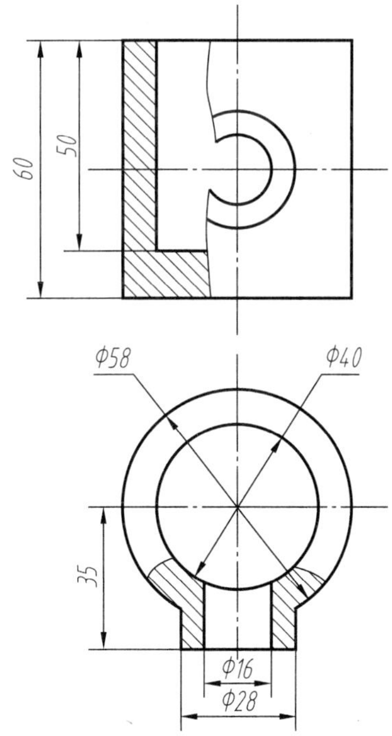

（b）

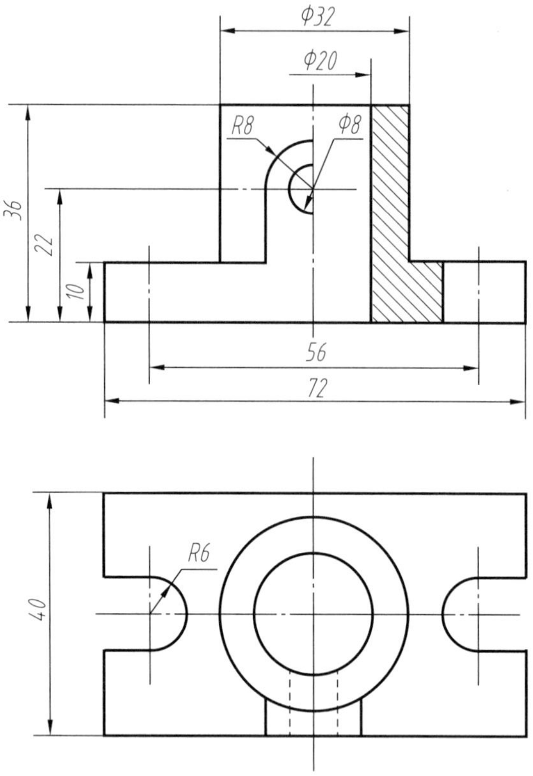
Φ32
Φ20
R8
Φ8
36
22
10
56
72
R6
40

（c）

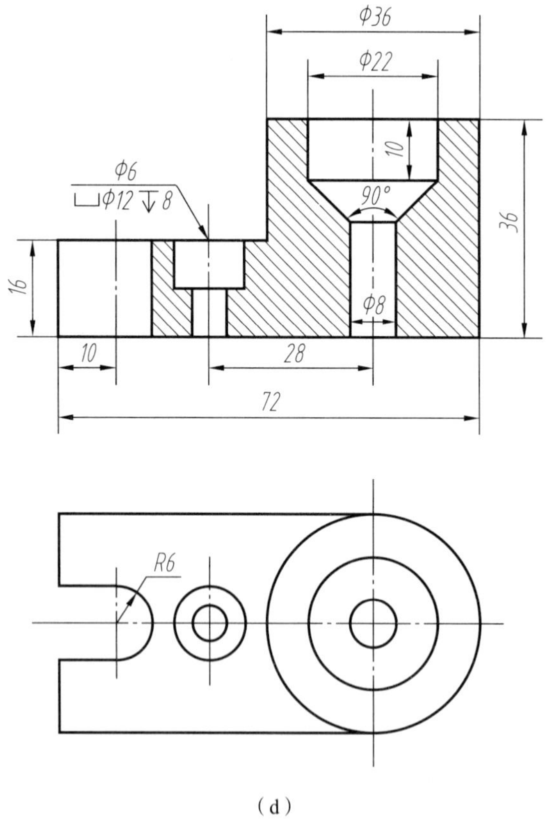
Φ36
Φ22
10
Φ6
⌴Φ12 ↧8
90°
36
16
Φ8
10
28
72
R6

（d）

图 1-12

习题 1-14　根据下列所给组合体的视图，将主视图修改为全剖视图，可不标注尺寸。

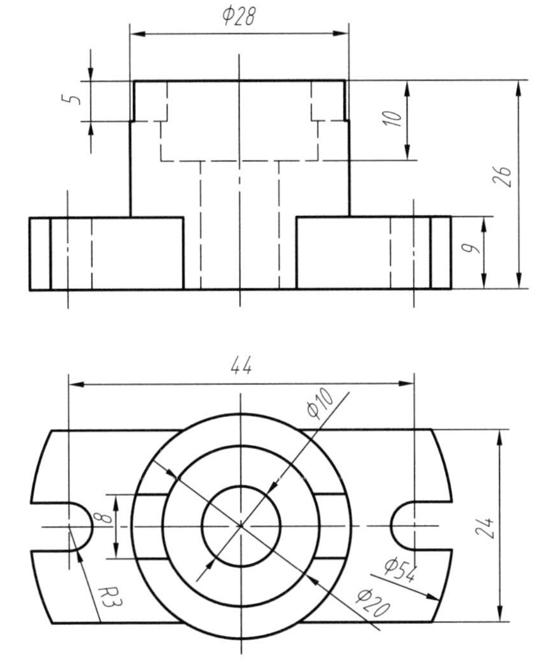

(a)

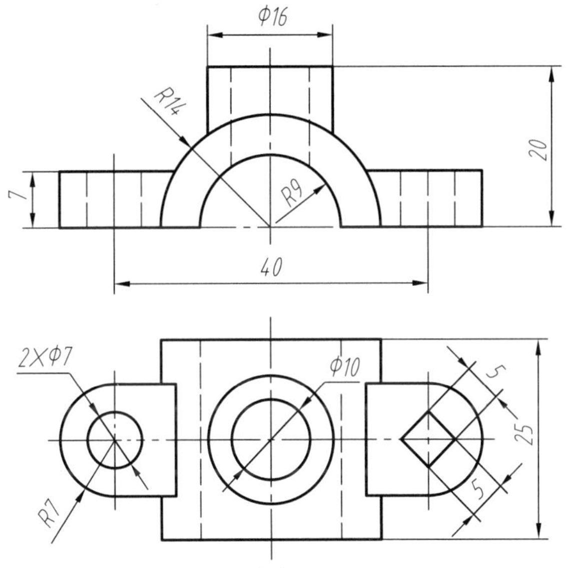

(b)

图 1-13

习题 1-15 根据下列所给组合体的视图，按要求完成相应的剖视图，可不标注尺寸。

(1)将主视图改为局部剖视图，并绘制全剖的左视图。

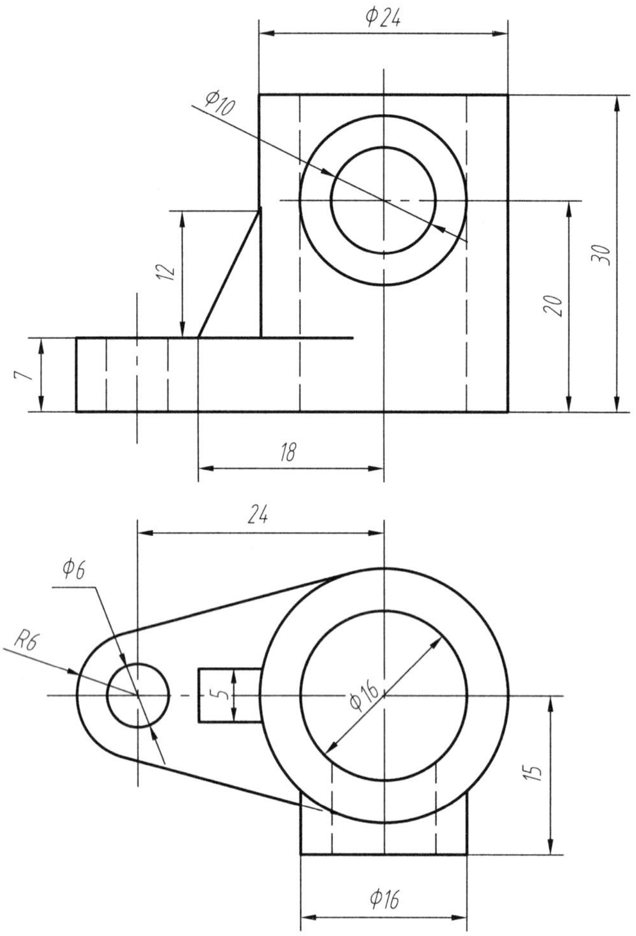

图 1-14

(2)将主视图改为全剖视图,并绘制半剖的左视图。

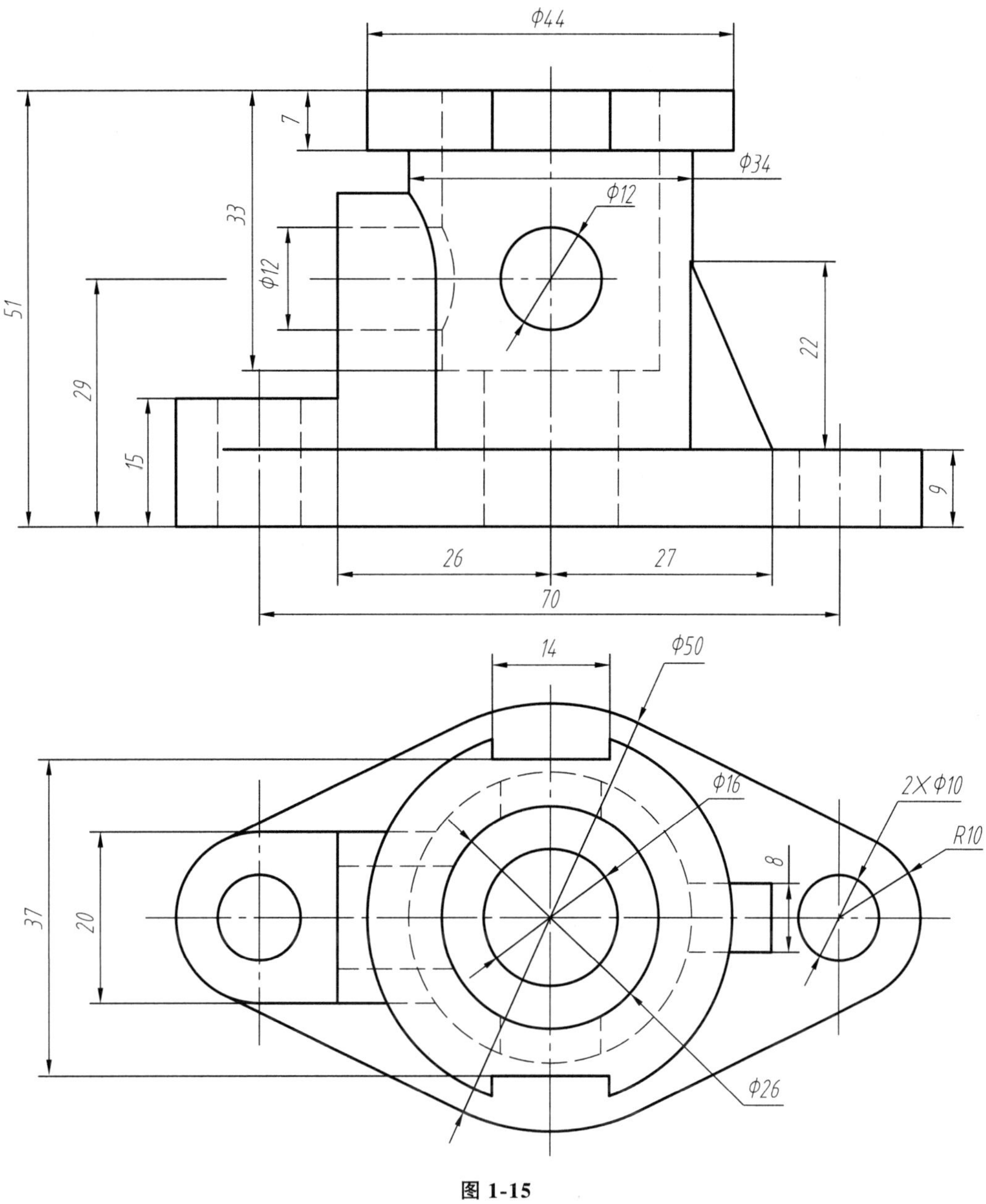

图 1-15

1.7 绘制简单零件

习题 1-16 抄画下列所给零件图，标注尺寸，绘制标题栏。

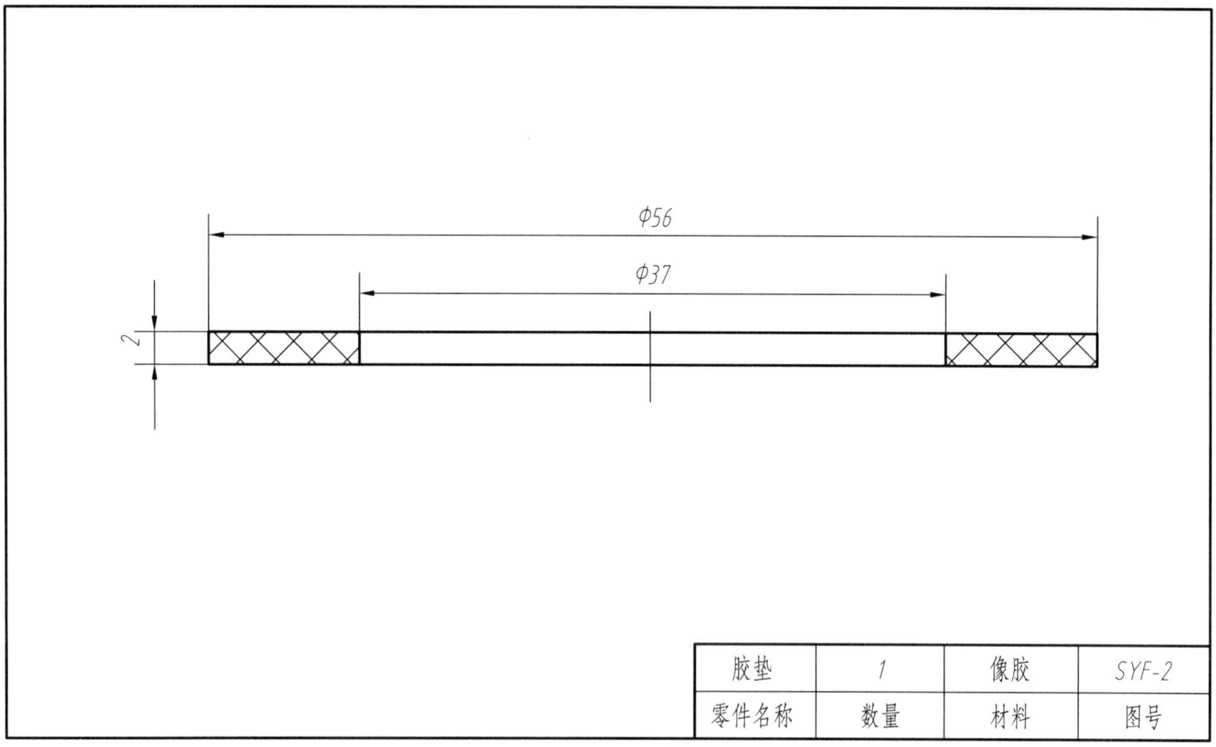

(a)

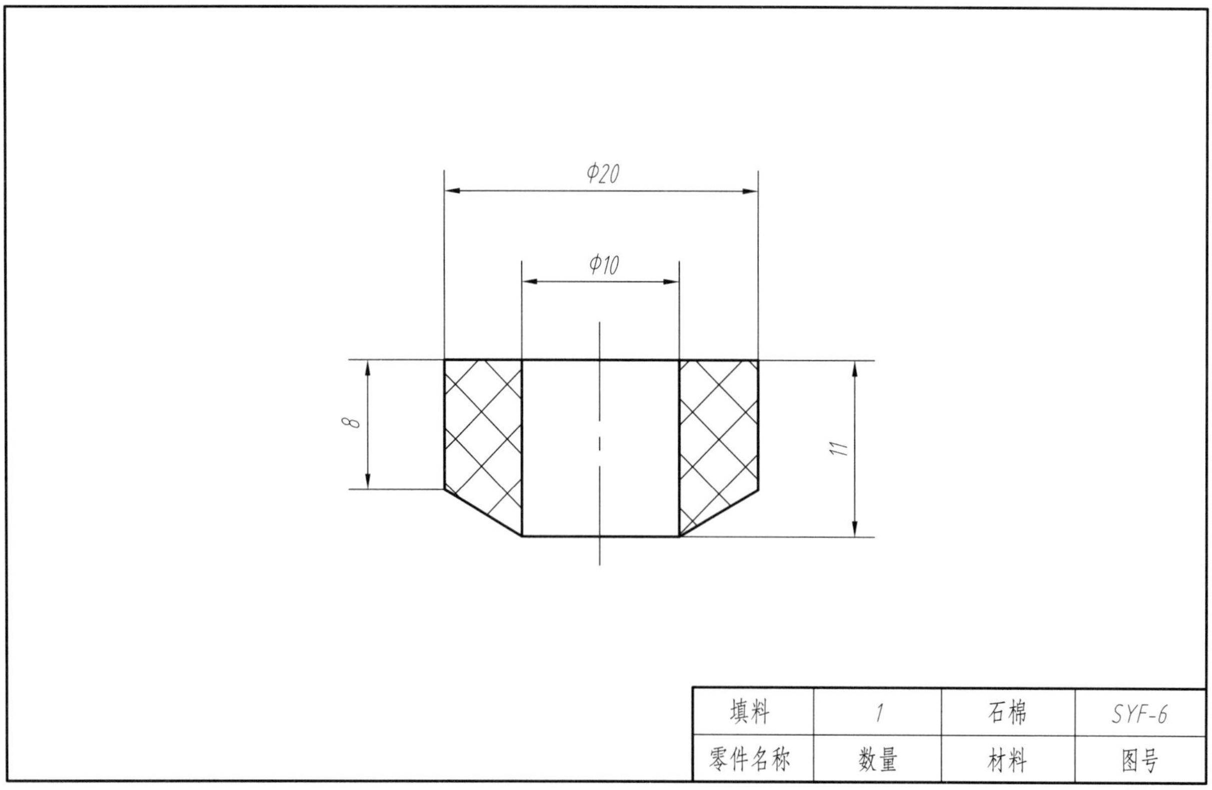

(b)

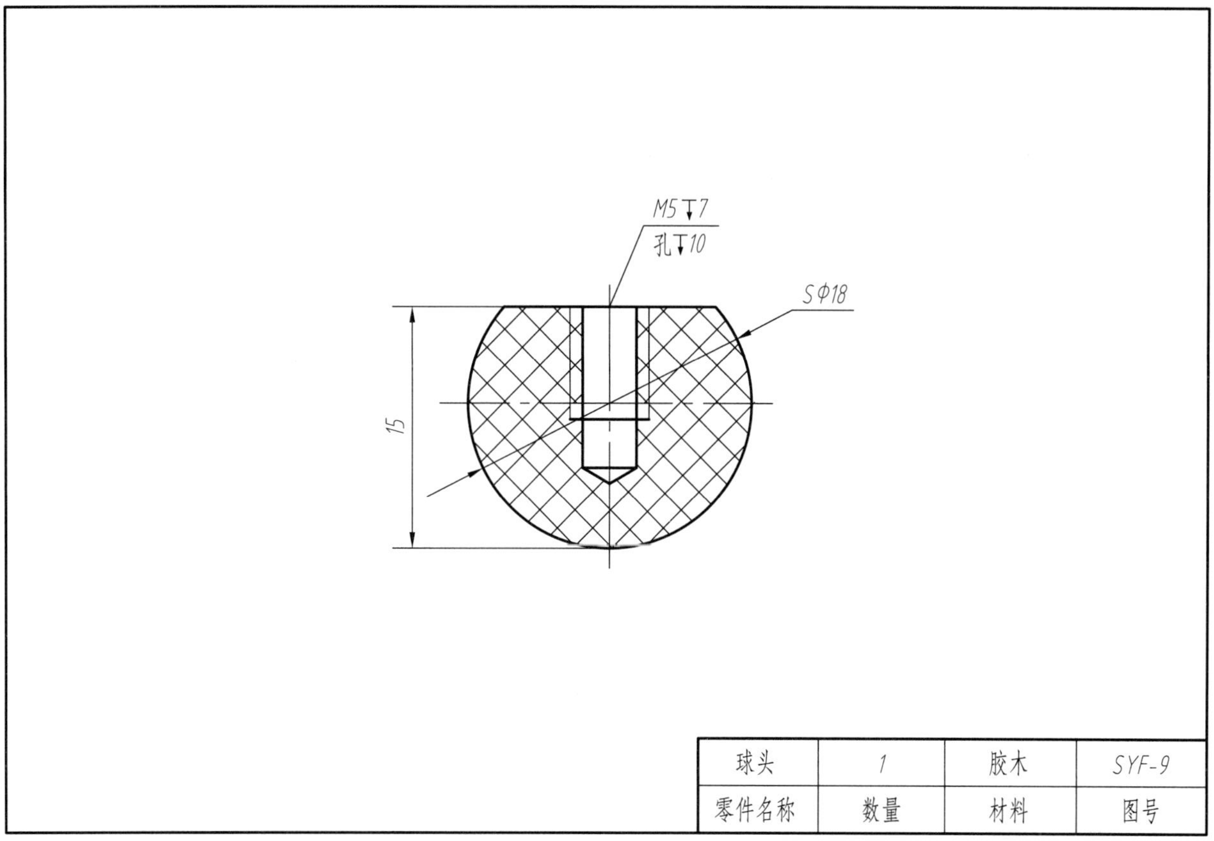
M5↧7
孔↧10
SΦ18
15
球头
1
胶木
SYF-9
零件名称
数量
材料
图号

（c）

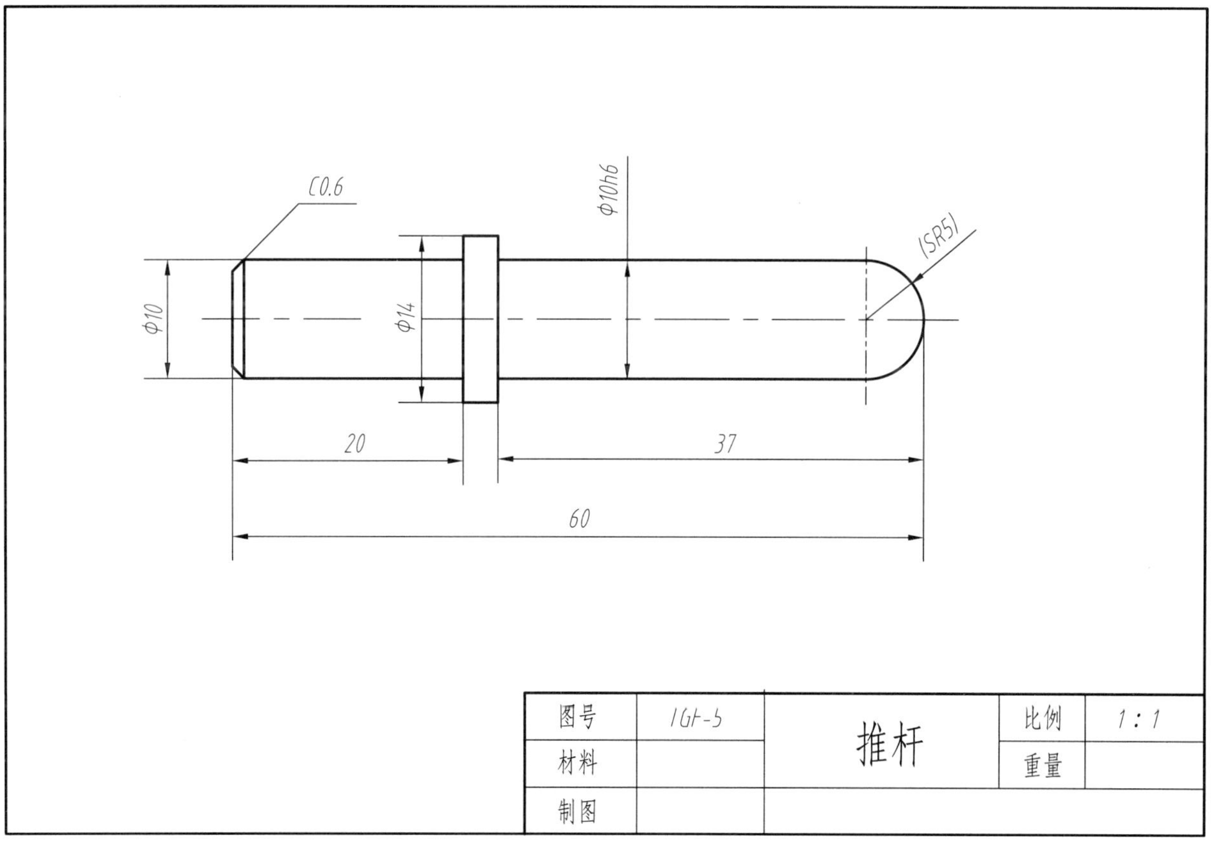
C0.6
Φ10h6
(SR5)
Φ10
Φ14
20
37
60
图号
1Gf-5
推杆
比例
1∶1
材料
重量
制图

（d）

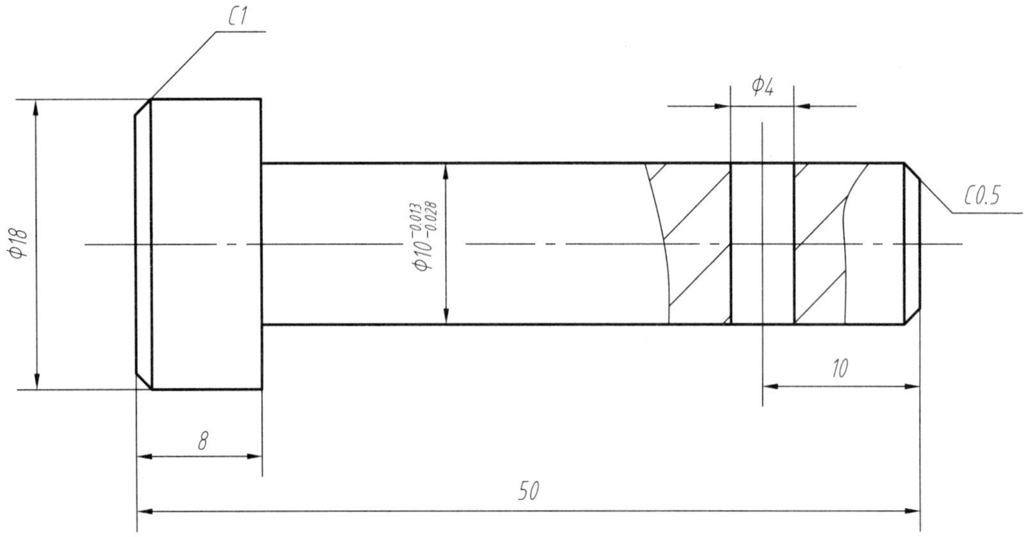

销钉	1	20	SYF-18
零件名称	数量	材料	图号

（e）

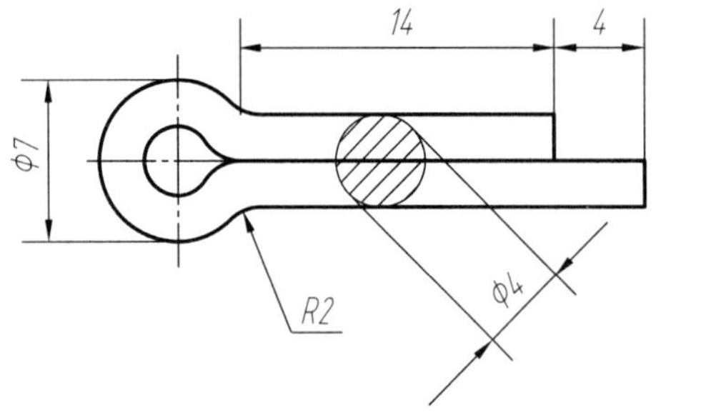

开口销4×14	1	Q215	SYF-11
零件名称	数量	材料	图号

（f）

图 1-16

习题 1-17 抄画下列所给零件图，标注尺寸，绘制标题栏。

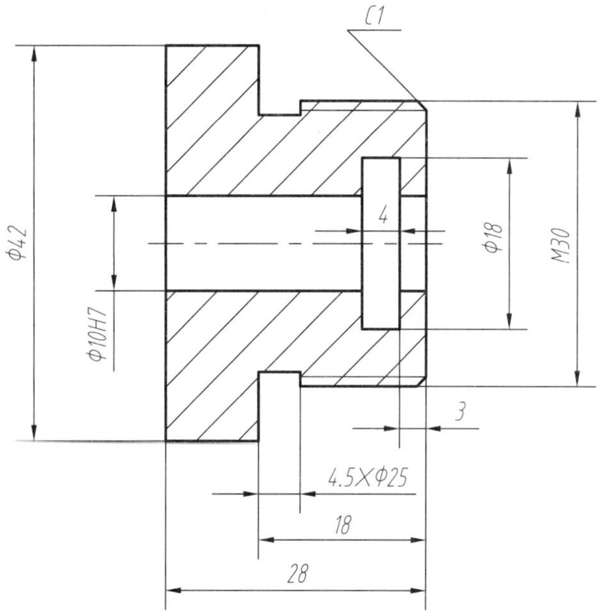

图号	TGF-8	导塞	比例	1：1
材料			重量	
制图				

（a）

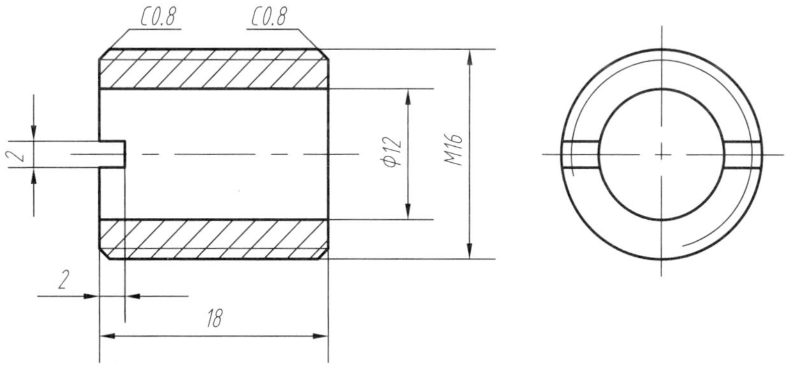

图号	TGF-2	旋塞	比例	1：1
材料			重量	
制图				

（b）

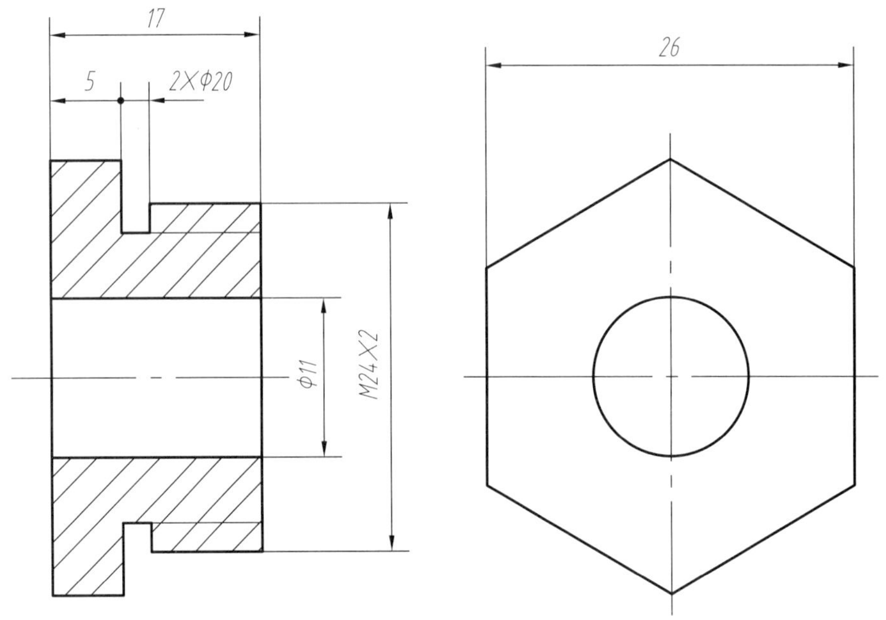

螺套	1	Q235	SYF-7
零件名称	数量	材料	图号

（c）

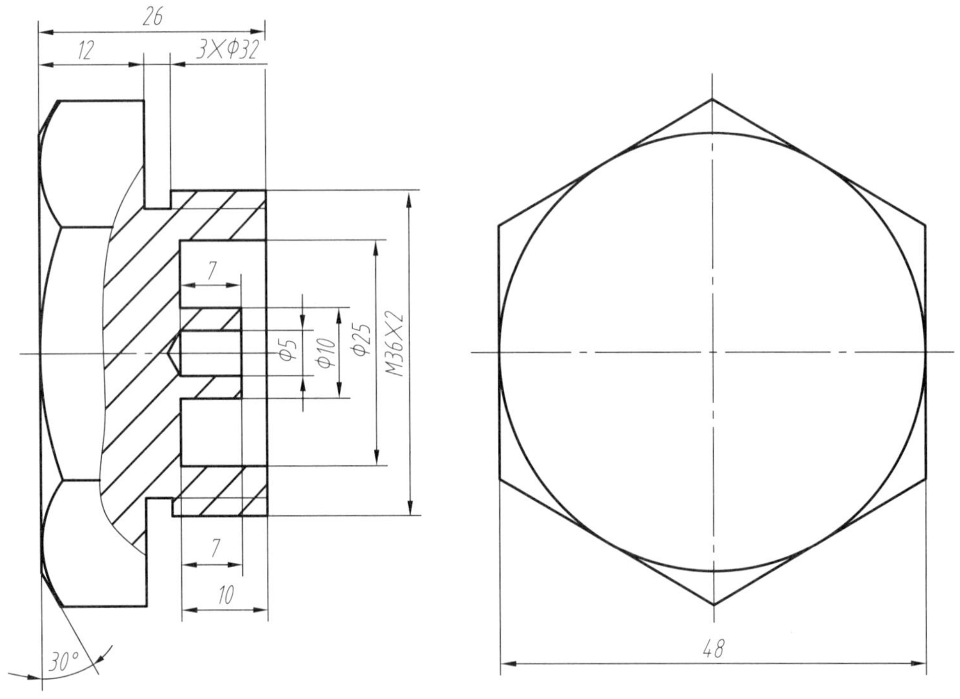

调节螺钉	1	Q235	SYF-1
零件名称	数量	材料	图号

（d）

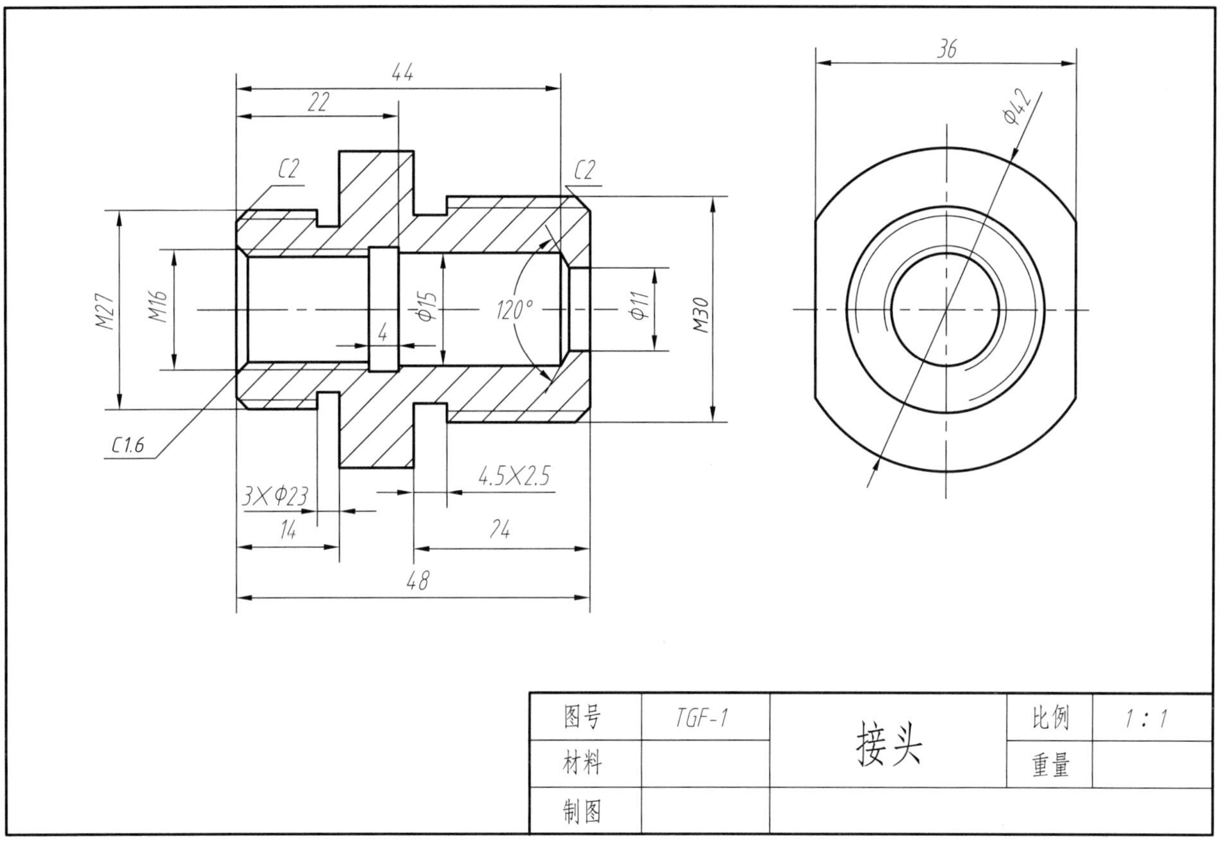
44
22
C2
C2
36
φ42
M27
M16
φ15
120°
φ11
M30
4
C1.6
3×φ23
4.5×2.5
14
24
48
图号
TGF-1
接头
比例
1 : 1
材料
重量
制图

(e)

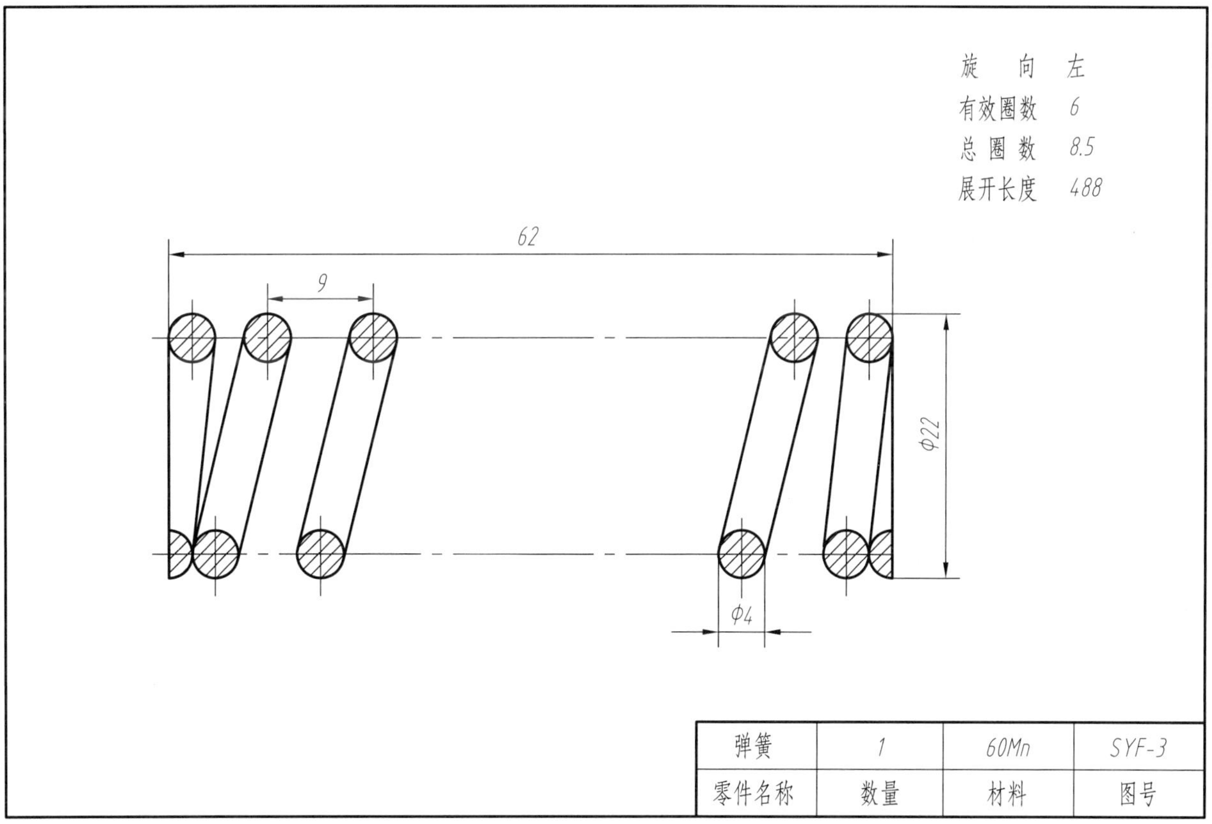
旋 向 左
有效圈数 6
总 圈 数 8.5
展开长度 488
62
9
φ22
φ4
弹簧
1
60Mn
SYF-3
零件名称
数量
材料
图号

(f)

图 1-17

1.8 绘制轴类零件

习题 1-18 抄画下列所给零件图,标注尺寸和技术要求,绘制标题栏。

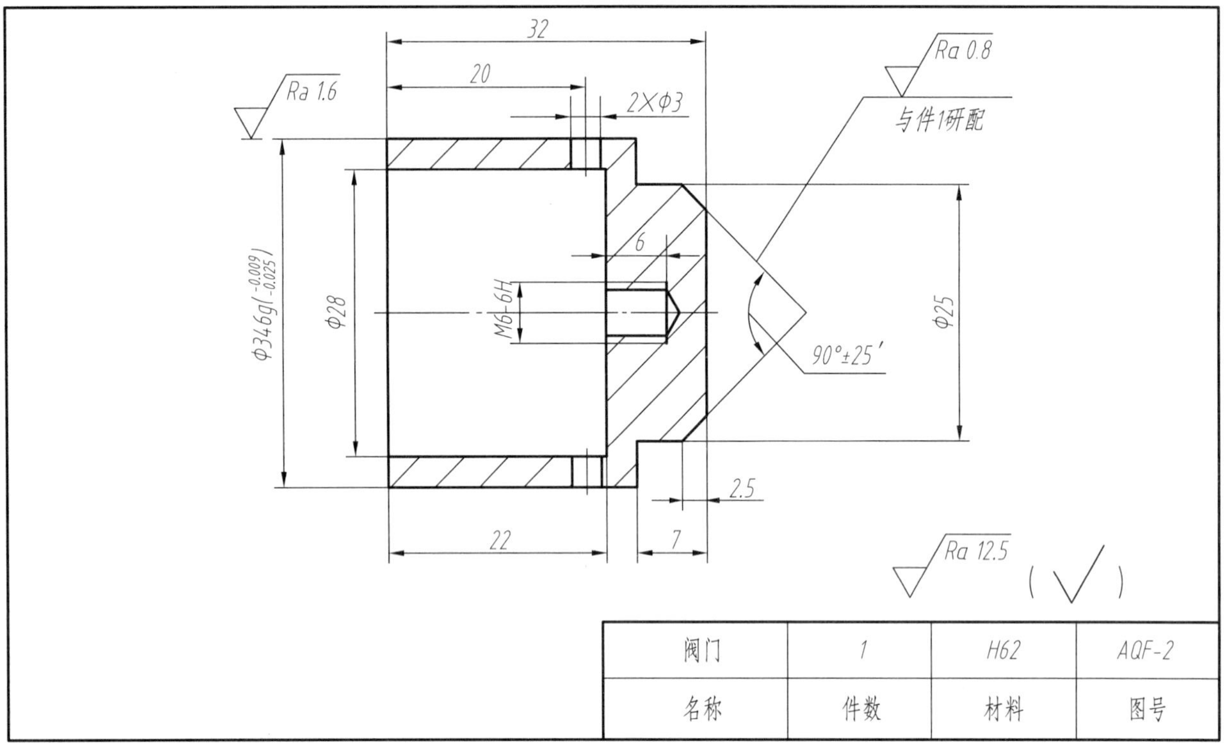

(a)

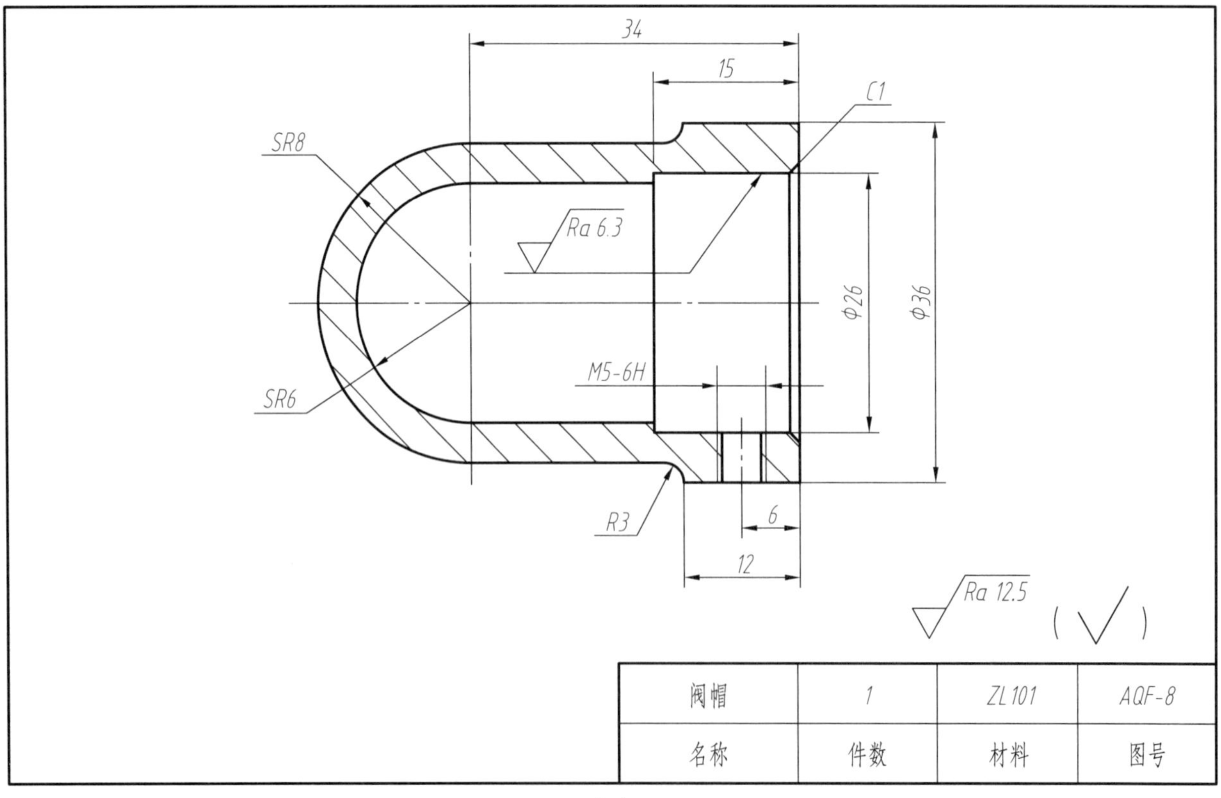

(b)

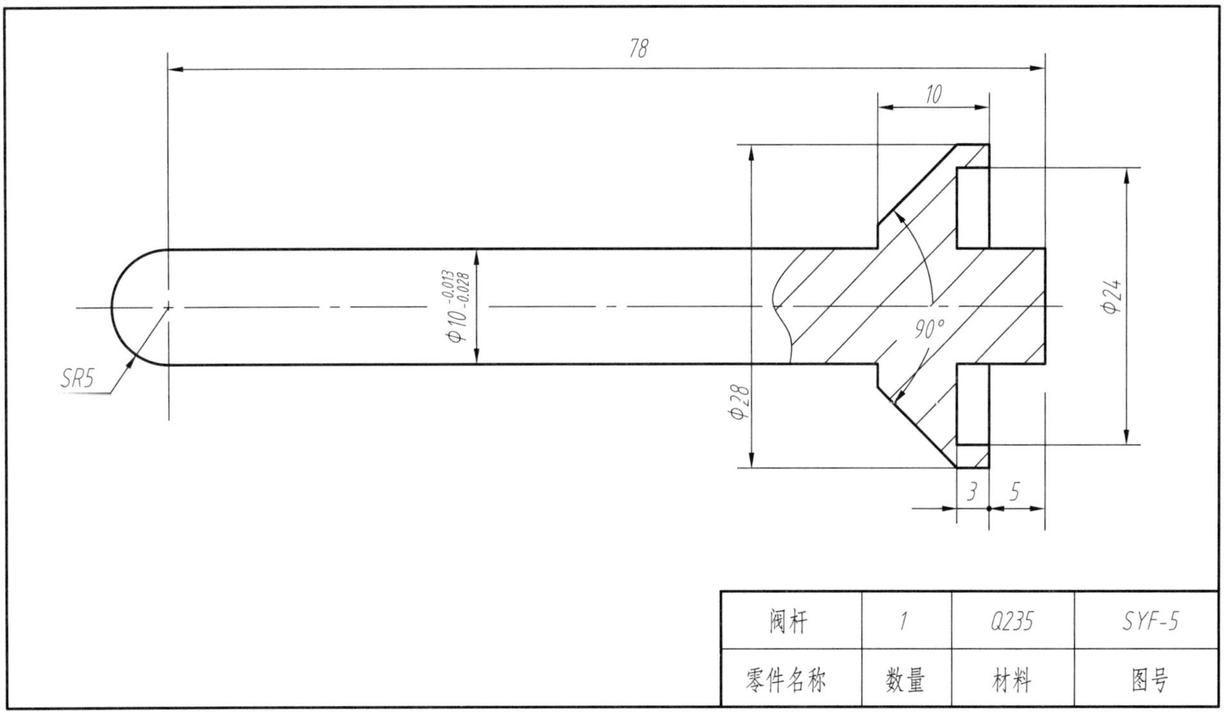
78
10
Φ10 -0.013 -0.028
SR5
90°
Φ28
Φ24
3
5
阀杆
1
Q235
SYF-5
零件名称
数量
材料
图号

(c)

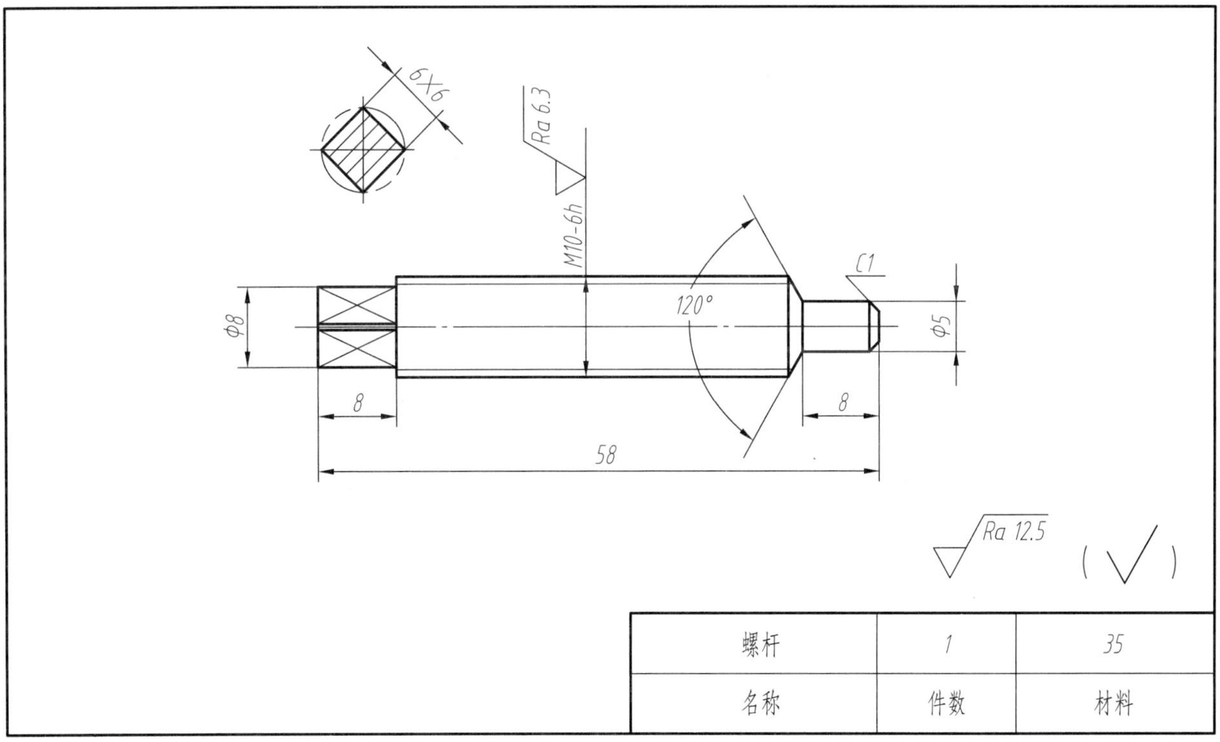
6X6
Ra 6.3
M10-6h
120°
C1
Φ8
Φ5
8
8
58
Ra 12.5
(√)
螺杆
1
35
名称
件数
材料

(d)

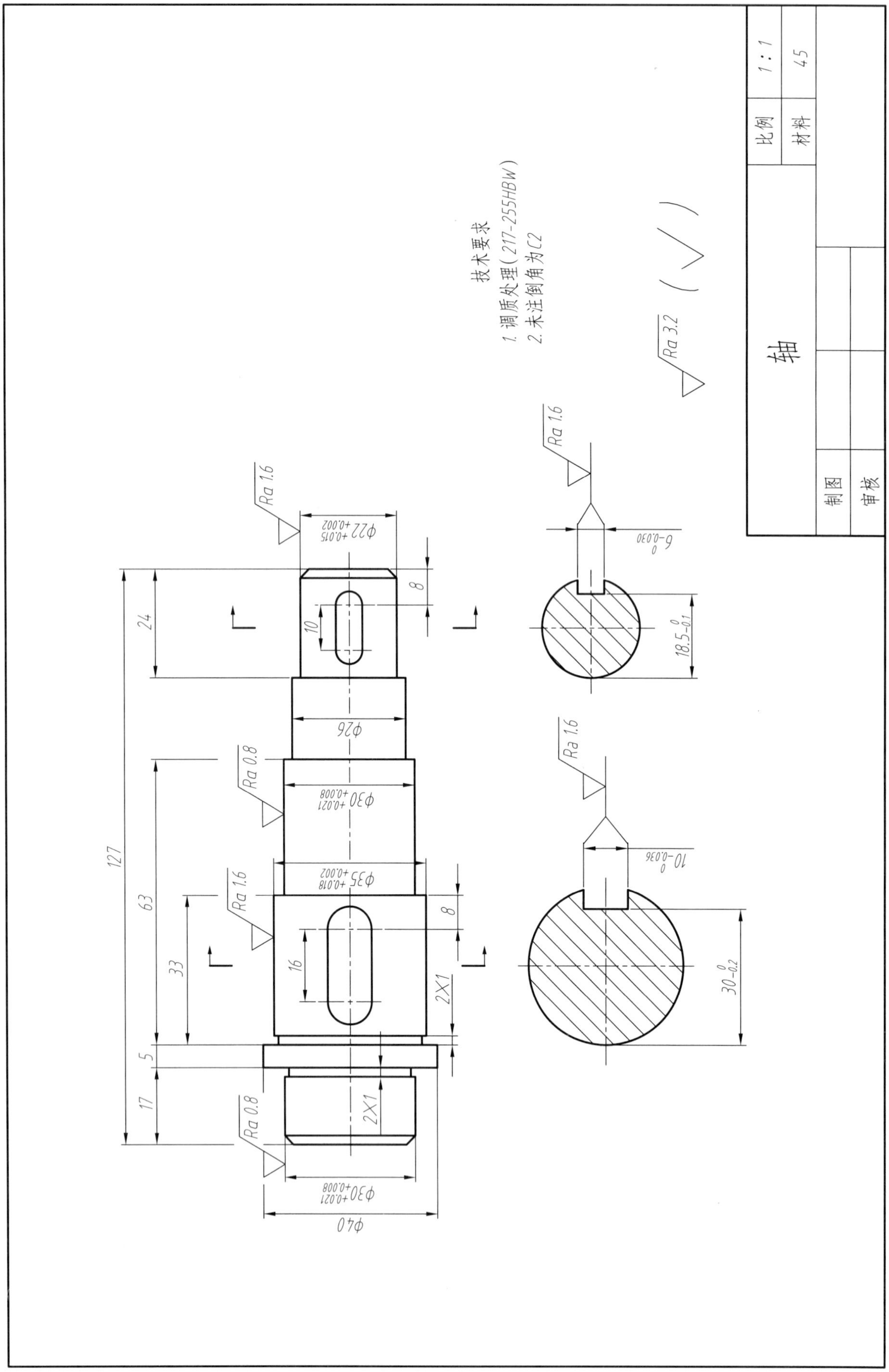
技术要求
1. 调质处理(217-255HBW)
2. 未注倒角为C2
Ra 3.2 (√)
轴
比例 1:1
材料 45
制图
审核
Ra 1.6
Ra 0.8
127
63
33
24
17
5
8
10
16
2X1
φ40
φ26
18.5
30

(e)

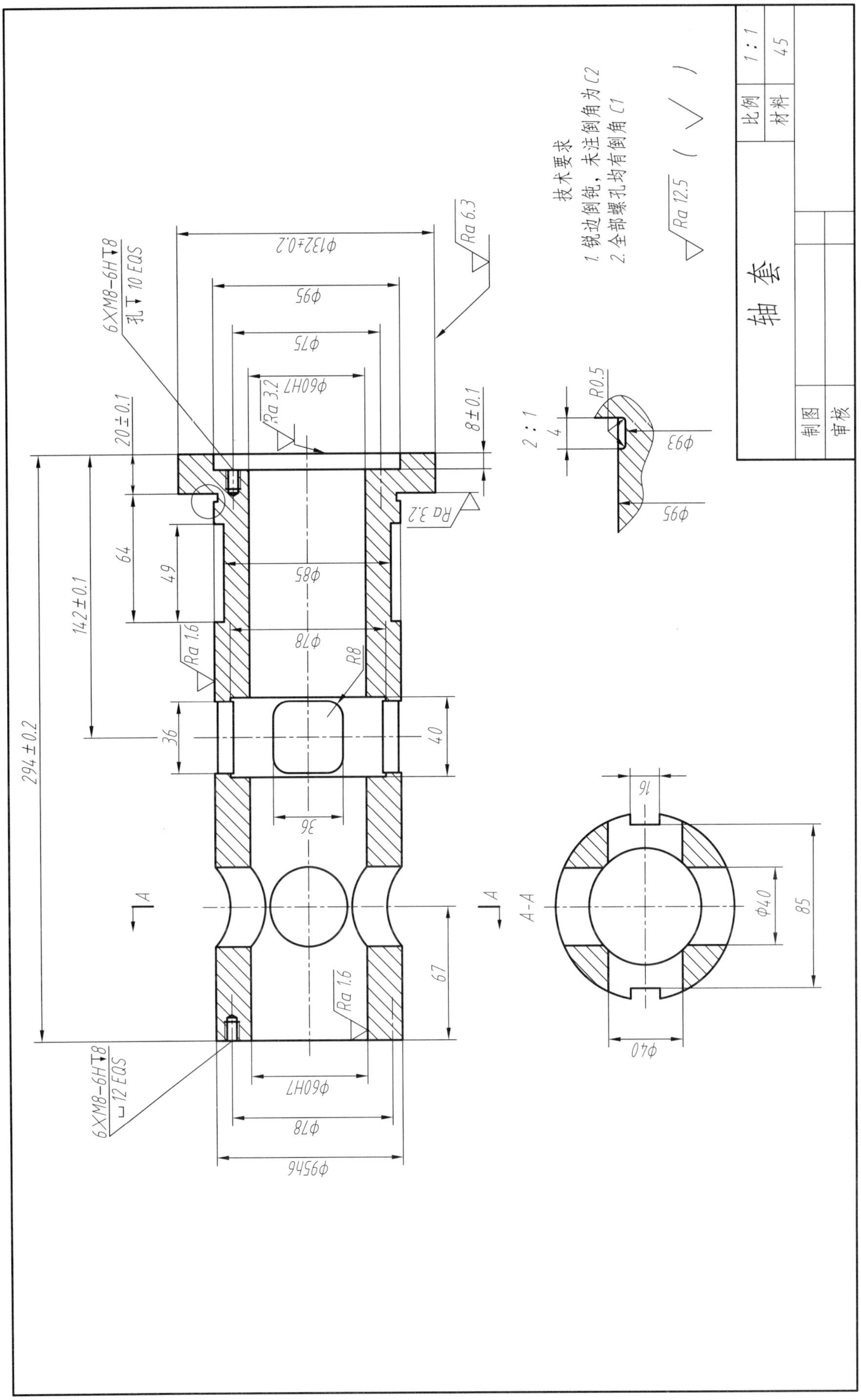

技术要求
1. 锐边倒钝，未注倒角为 C2
2. 全部螺孔均有倒角 C1
Ra 12.5 (√)
轴套
比例 1:1
材料 45
制图
审校
6×M8-6H↧8
孔↧10 EQS
6×M8-6H↧8
⌴12 EQS
φ132±0.2
φ95
φ75
φ60H7
φ85
φ78
R8
36
φ60H7
φ78
φ95h6
20±0.1
8±0.1
64
49
142±0.1
294±0.2
36
40
67
Ra 6.3
Ra 3.2
Ra 3.2
Ra 1.6
Ra 1.6
A
A
A-A
16
φ40
85
φ40
2:1
R0.5
4
φ93
φ95

(f)

图 1-18

1.9 绘制盘、盖、轮类零件

习题 1-19 抄画下列所给零件图，标注尺寸和技术要求，绘制标题栏。

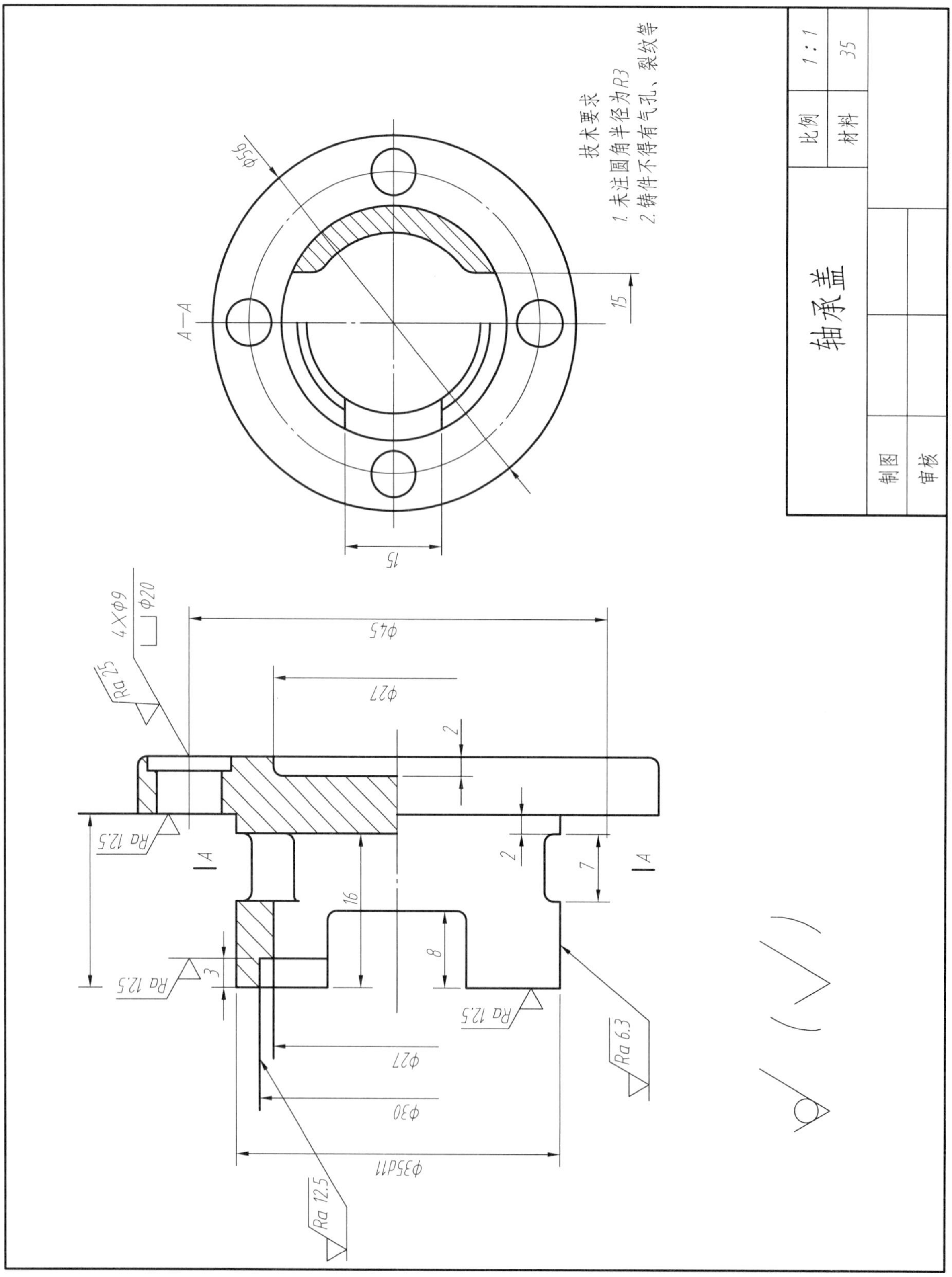

(a)

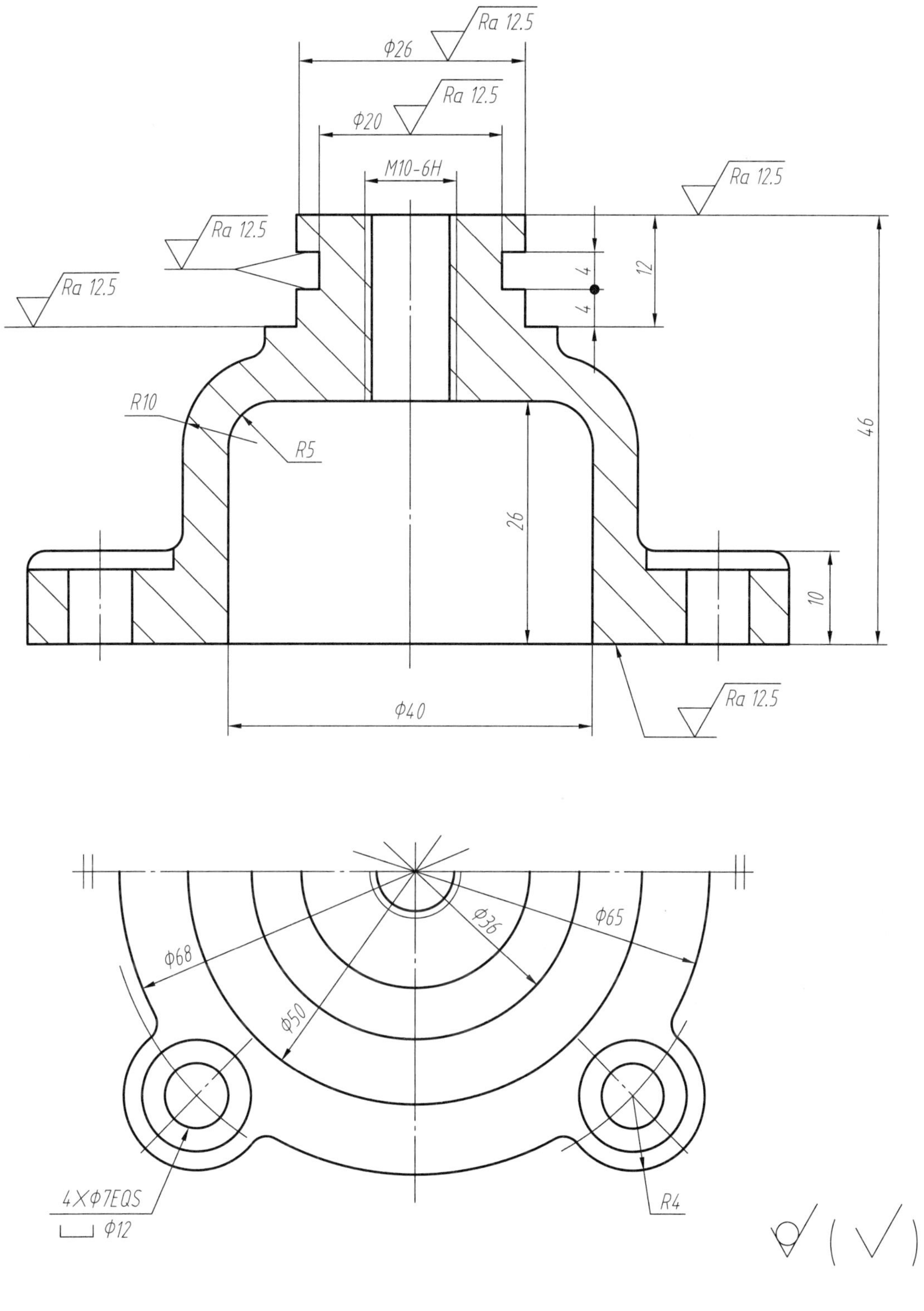

注：未注圆角半径为R2

阀盖	1	ZL101	AQF-4
名称	件数	材料	图号

（b）

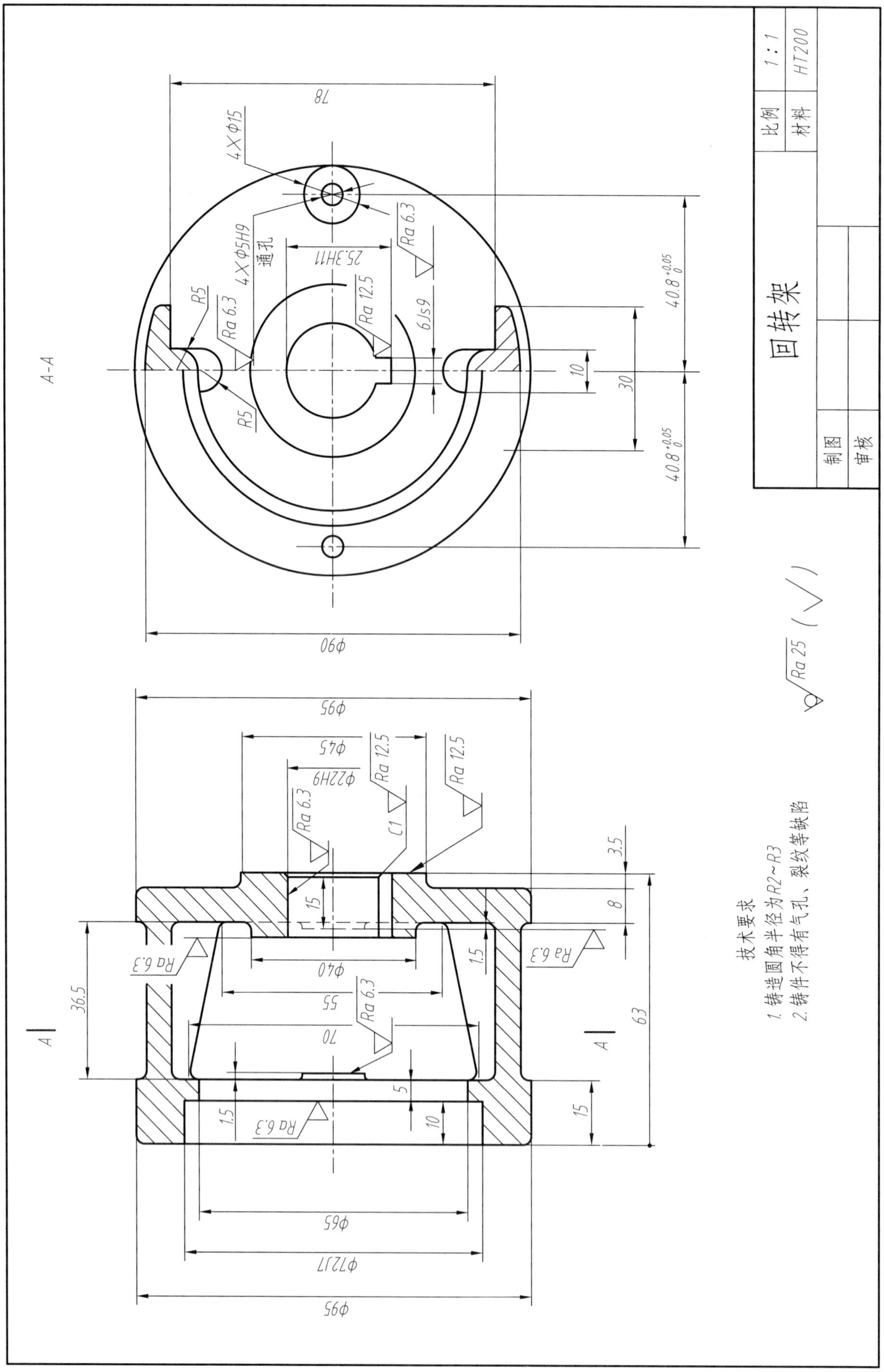
A-A
78
4×Φ15
4×Φ5H9
通孔
25.3H11
Ra 6.3
R5
Ra 12.5
6Js9
10
30
40.8 +0.05 0
Φ90
Φ95
Φ45
Φ22H9
C1
3.5
8
15
1.5
Φ40
55
70
36.5
63
5
10
Φ65
Φ72J7
A
技术要求
1.铸造圆角半径为R2~R3
2.铸件不得有气孔、裂纹等缺陷
Ra 25 (√)
回转架
比例 1:1
材料 HT200
制图
审核
(c)

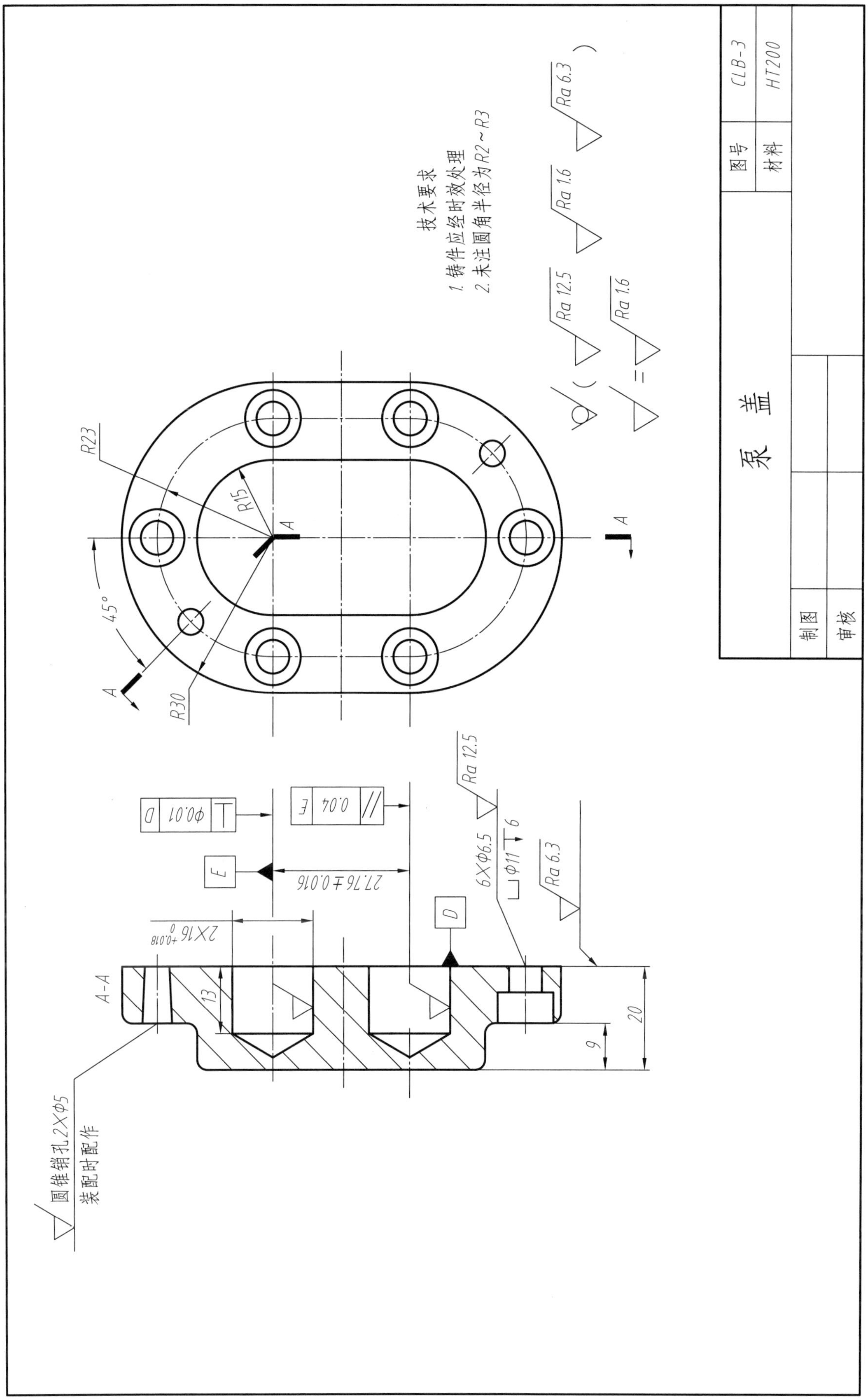
技术要求
1. 铸件应经时效处理
2. 未注圆角半径为R2~R3
Ra 12.5
Ra 1.6
Ra 6.3
泵盖
图号
CLB-3
材料
HT200
制图
审核
R23
R15
R30
45°
A
A-A
2X16 +0.018 0
27.76±0.016
Φ0.01
D
0.04
E
6XΦ6.5
Φ11
6
13
20
9
圆锥销孔2XΦ5
装配时配作

（d）
图 1-19

习题 1-20 抄画下列所给零件图，标注尺寸和技术要求，绘制标题栏。

模数	m	3
齿数	z	9
齿形角	α	20°

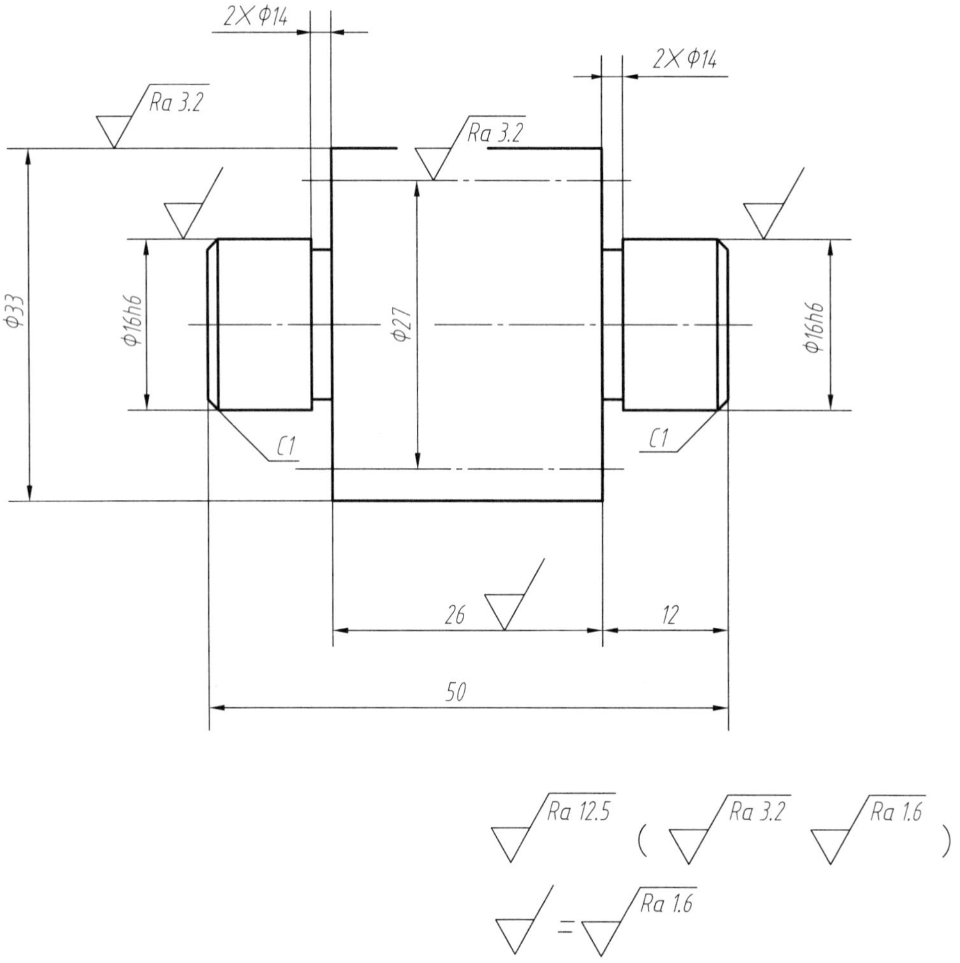

从动齿轮轴			序号	CLB-4
			材料	45
制图				
审核				

(a)

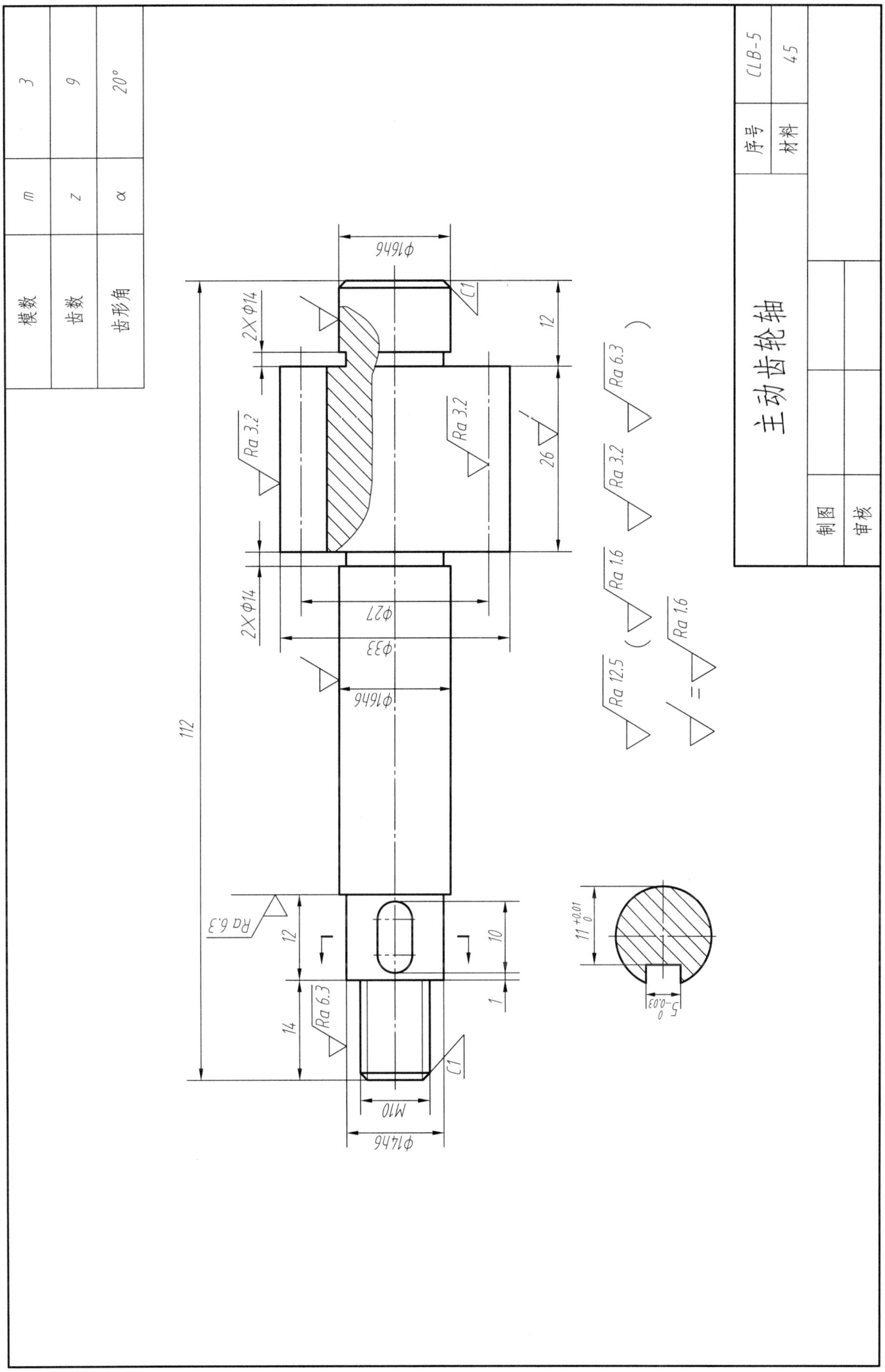
模数
m
3
齿数
z
9
齿形角
α
20°
主动齿轮轴
序号
CLB-5
材料
45
制图
审核
Ra 12.5
Ra 1.6
Ra 3.2
Ra 6.3
φ16f6
φ27
φ33
φ14f6
M10
2×Φ14
C1
112
12
26
10
14
1
11 +0.01 0
5 0 -0.03

（b）

模数	m	2.5
齿数	z	20
齿形角	α	20°

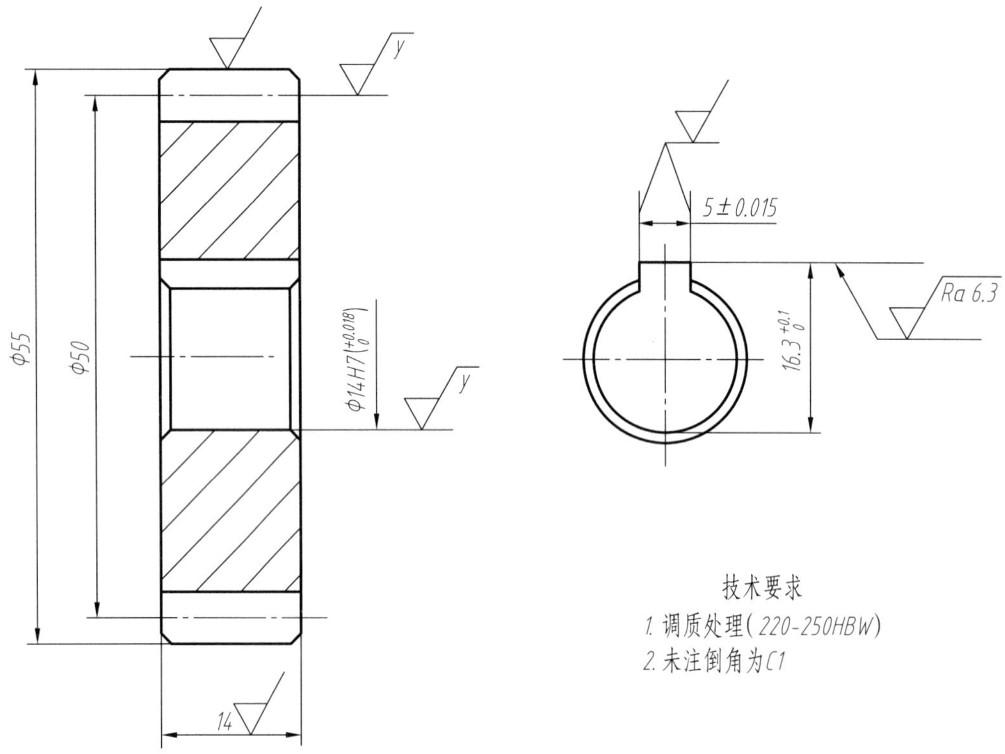

技术要求

1. 调质处理(220-250HBW)
2. 未注倒角为C1

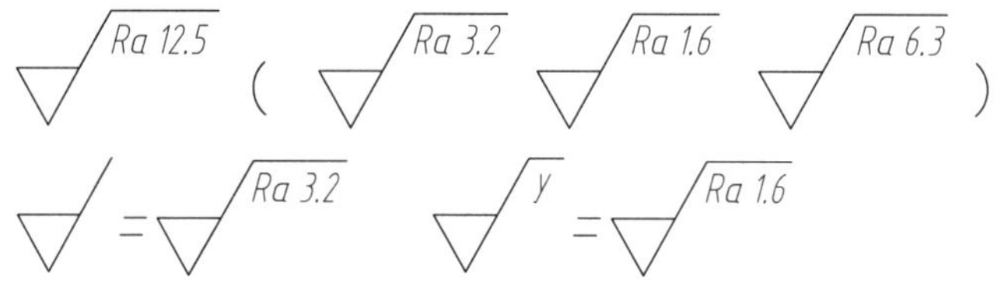

传动齿轮		序号	CLB-11
		材料	45
制图			
审核			

(c)

图 1-20

1.10　绘制叉架类零件

习题 1-21　抄画下列所给零件图，标注尺寸和技术要求，绘制标题栏。

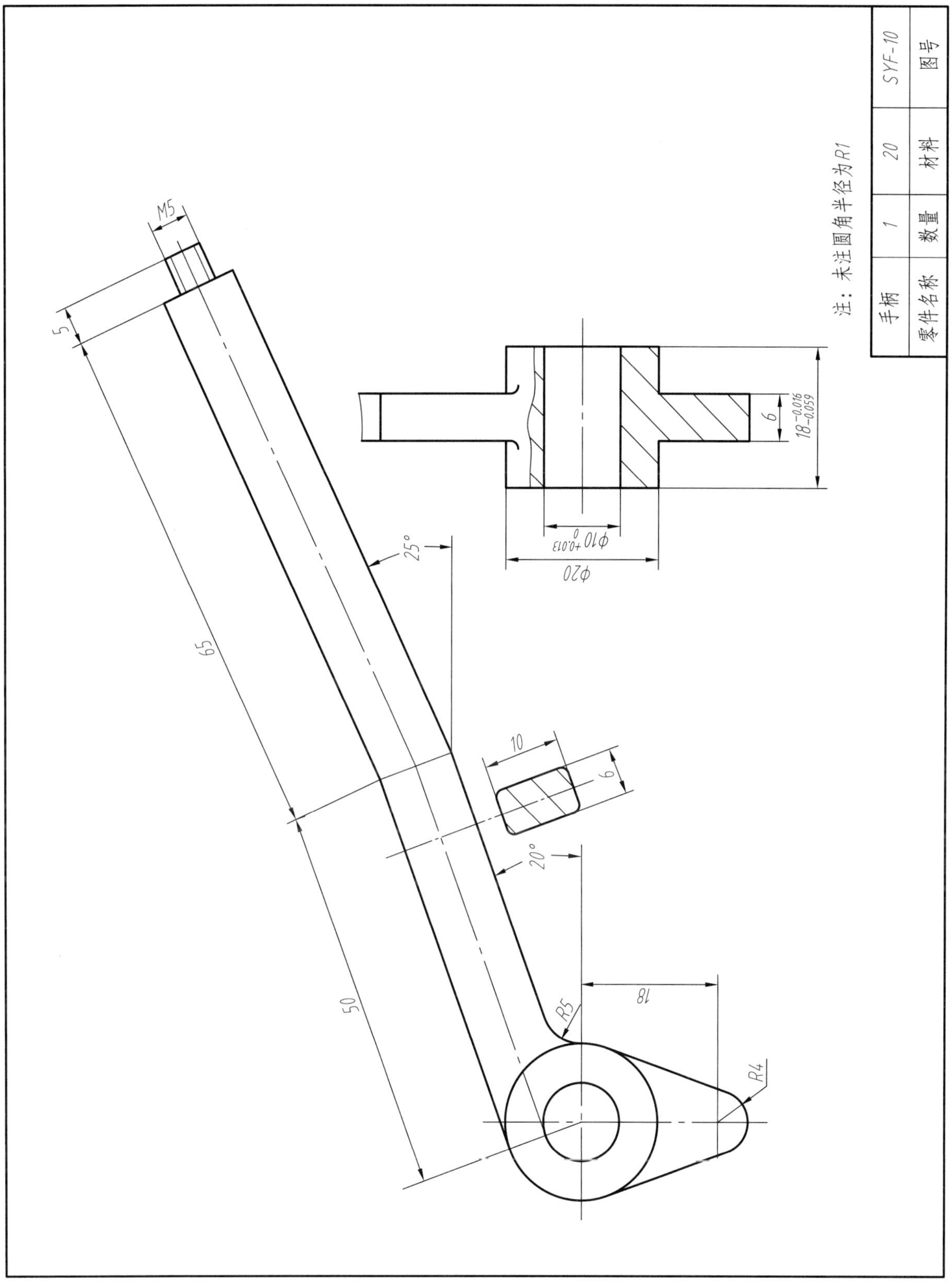

（a）

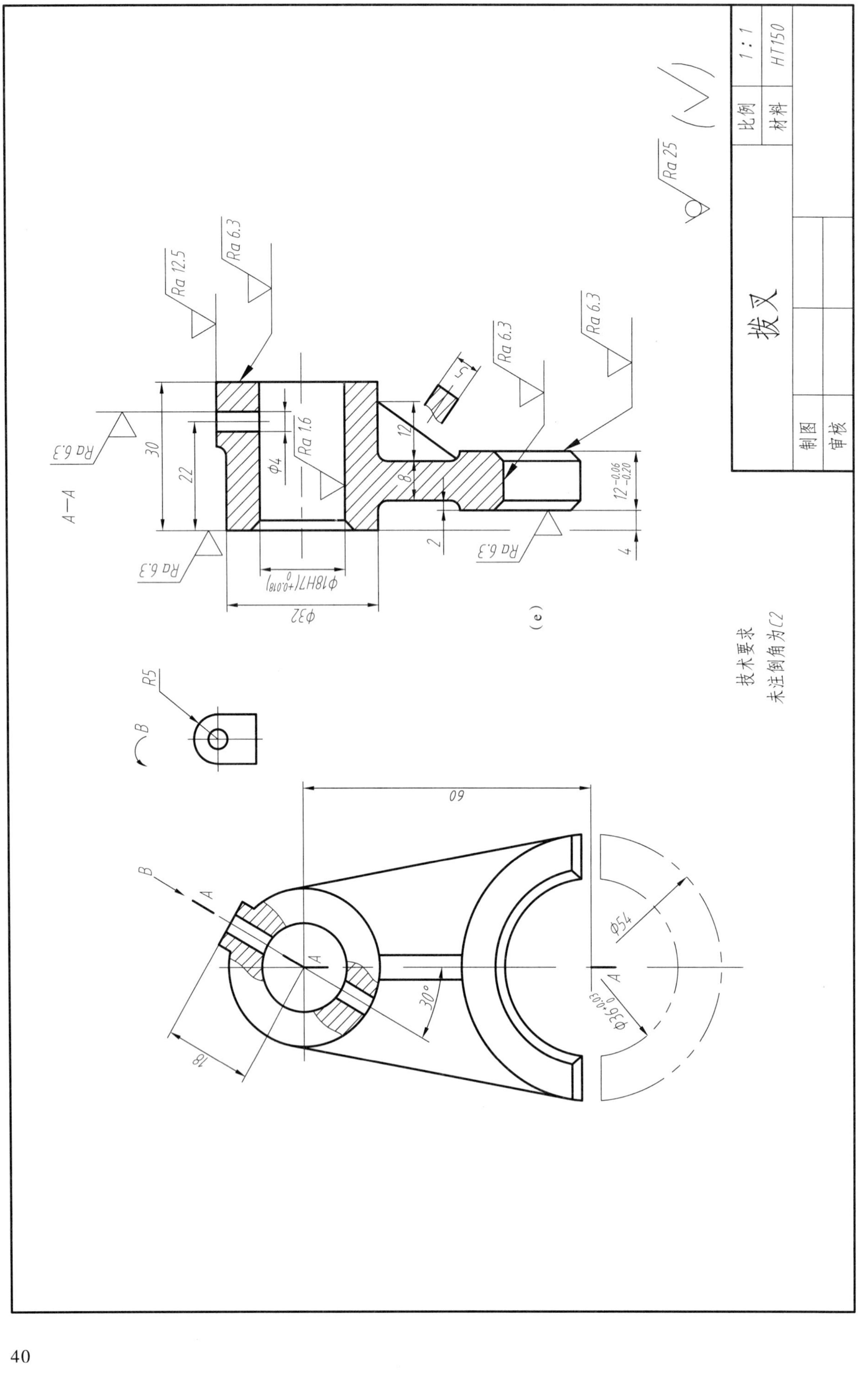
拨叉
比例 1:1
材料 HT150
制图
审核
技术要求
未注倒角为C2
A—A
Ra 25
Ra 12.5
Ra 6.3
Ra 1.6
φ18H7(+0.018 0)
φ32
φ4
φ54
60
18
30°
R5
(e)
(b)

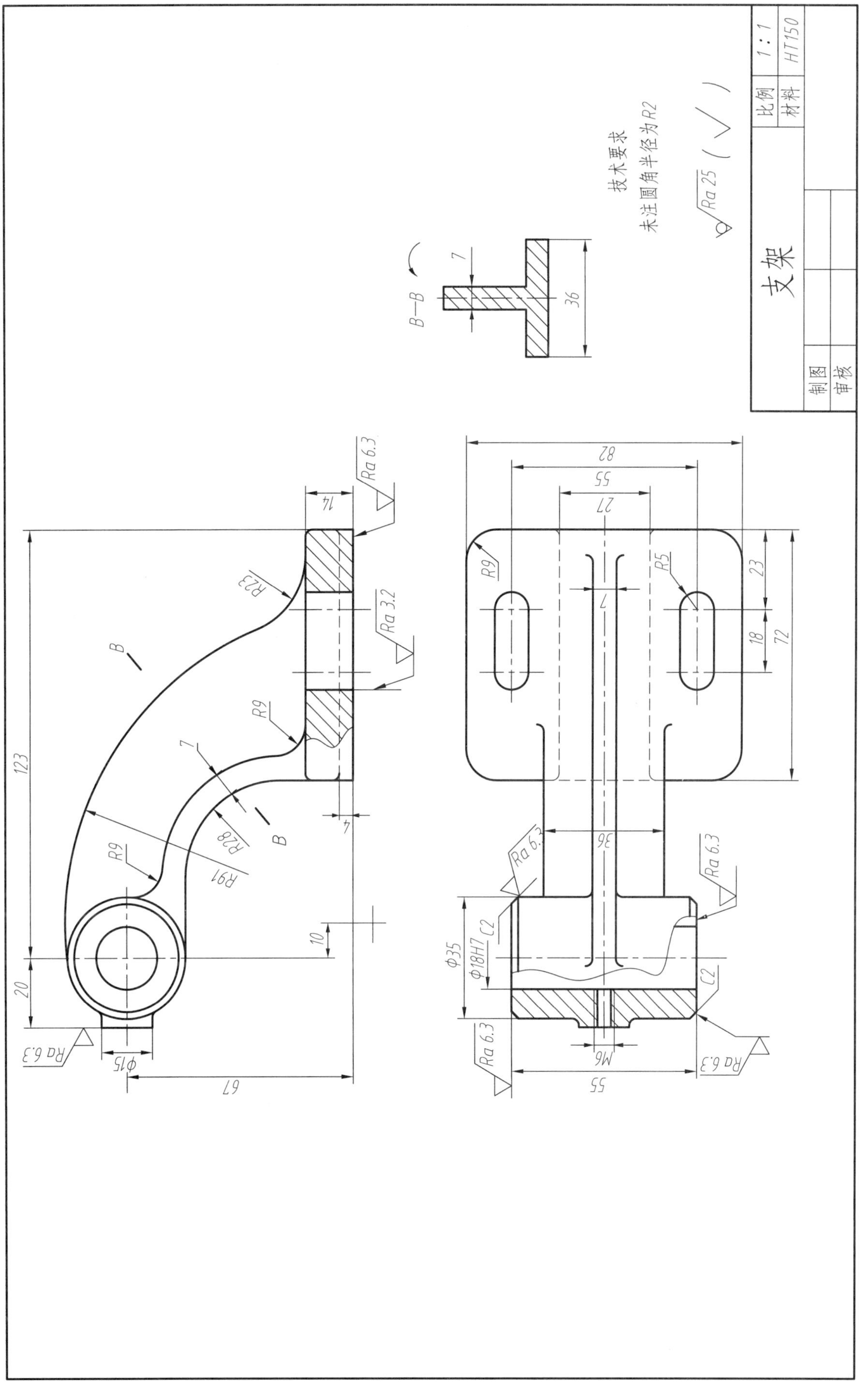

（c）

图 1-21

1.11 绘制箱体类零件

习题 1-22 抄画下列所给零件图,标注尺寸和技术要求,绘制标题栏。

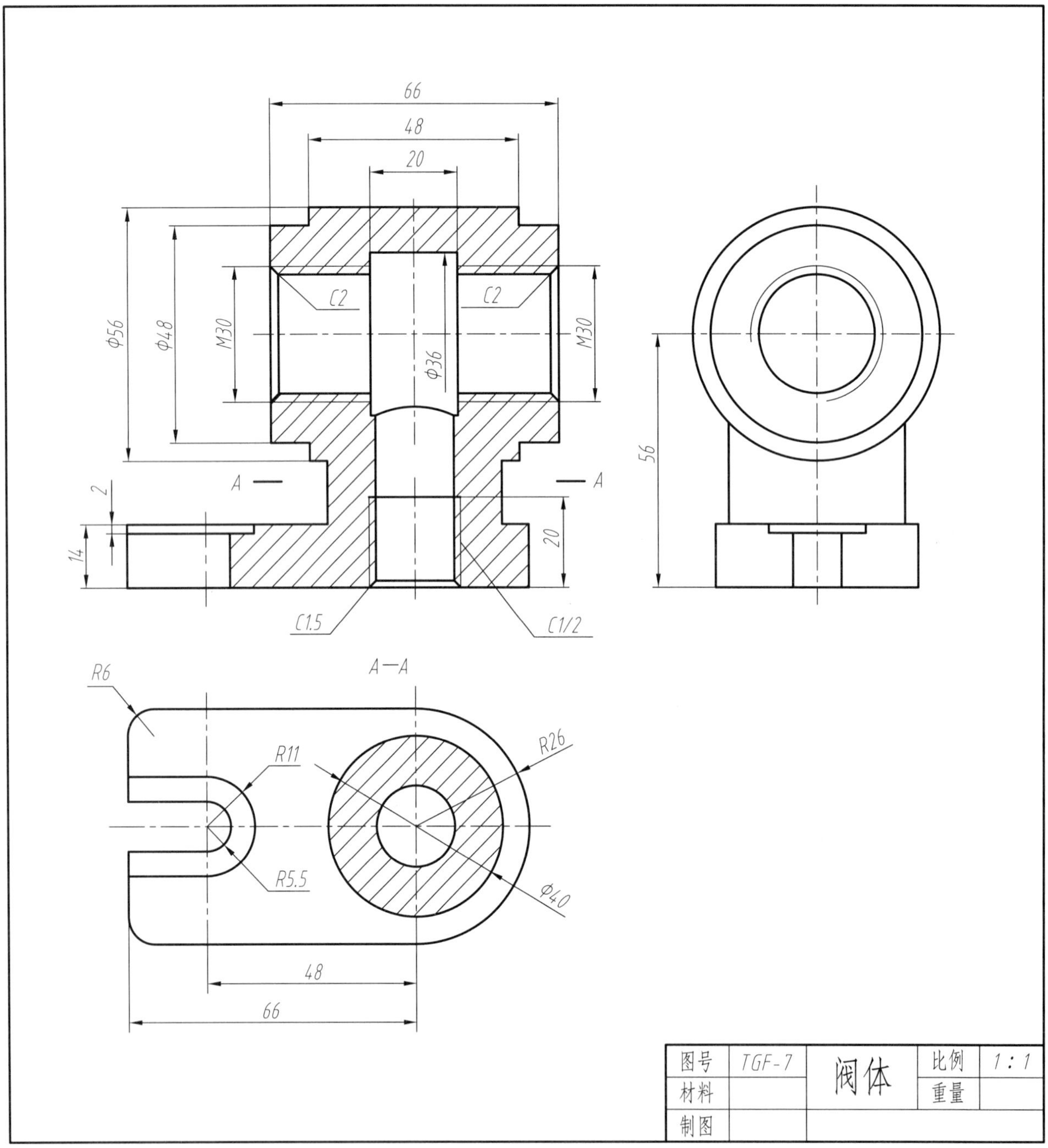

(a)

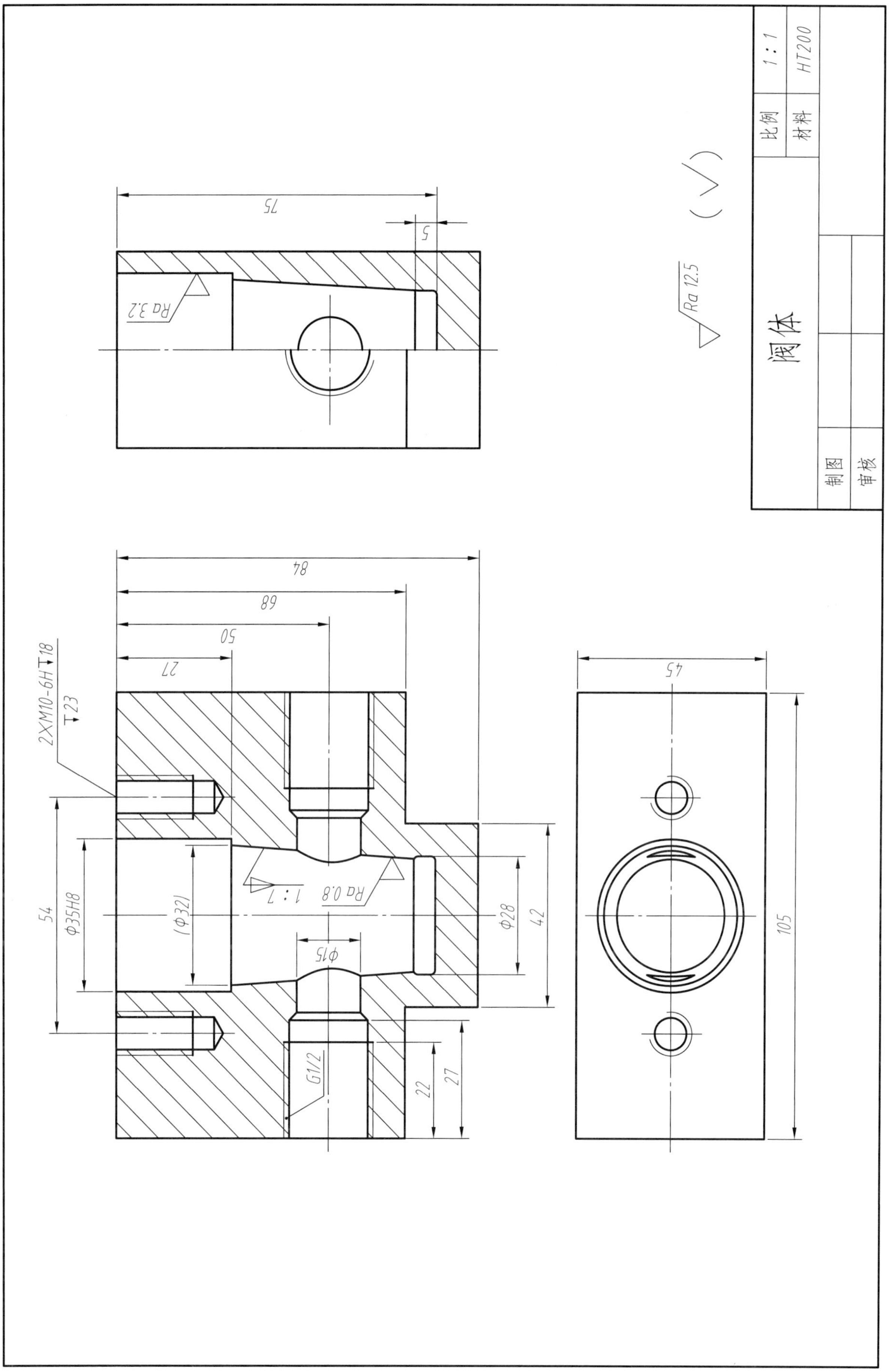
阀体
比例 1:1
材料 HT200
制图
审核
Ra 12.5
(√)
Ra 3.2
Ra 0.8
1:7
75
5
84
68
50
27
45
105
54
Φ35H8
(Φ32)
Φ28
42
Φ15
G1/2
22
27
2×M10-6H↧18
↧23

(b)

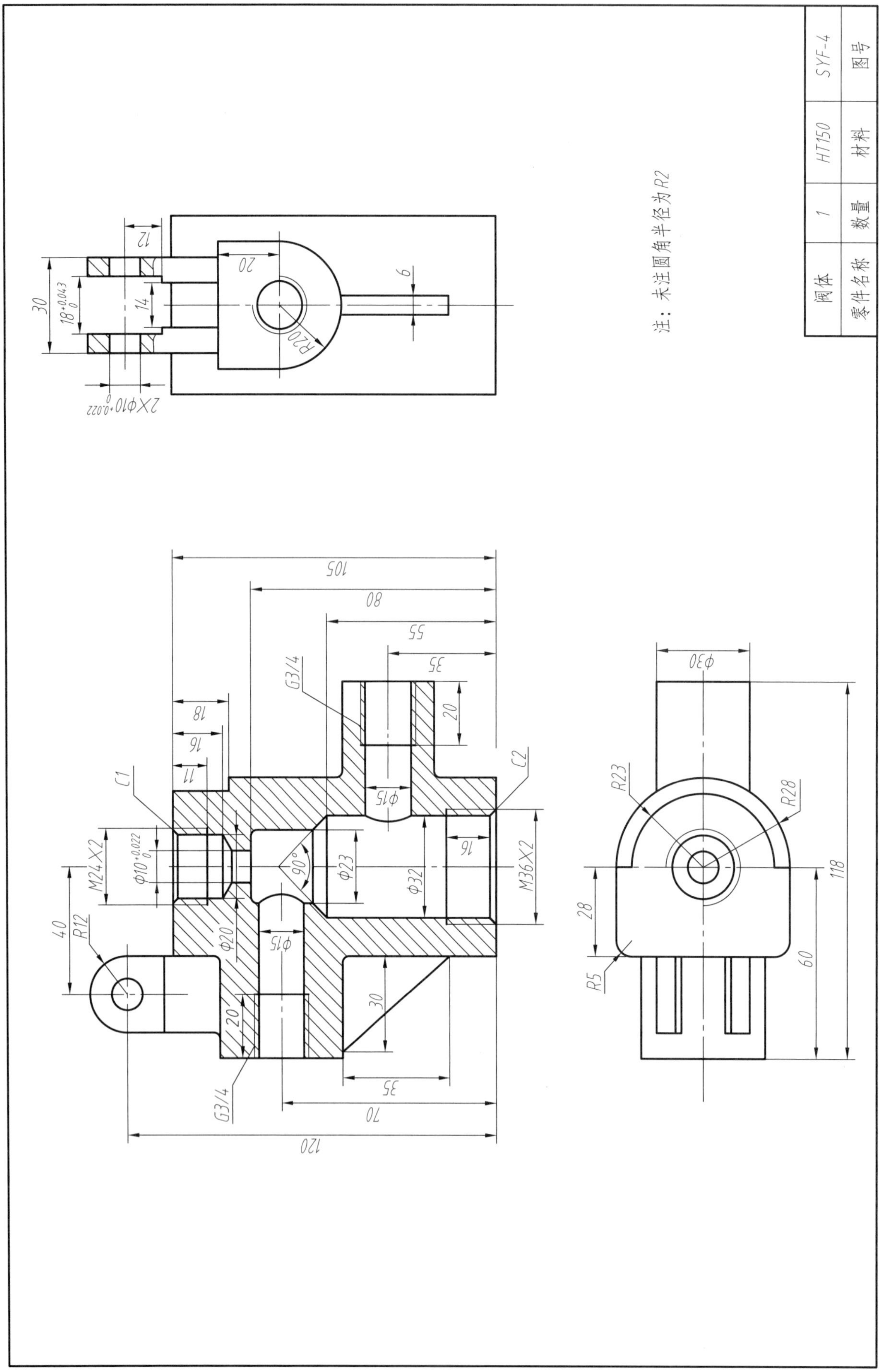

（c）

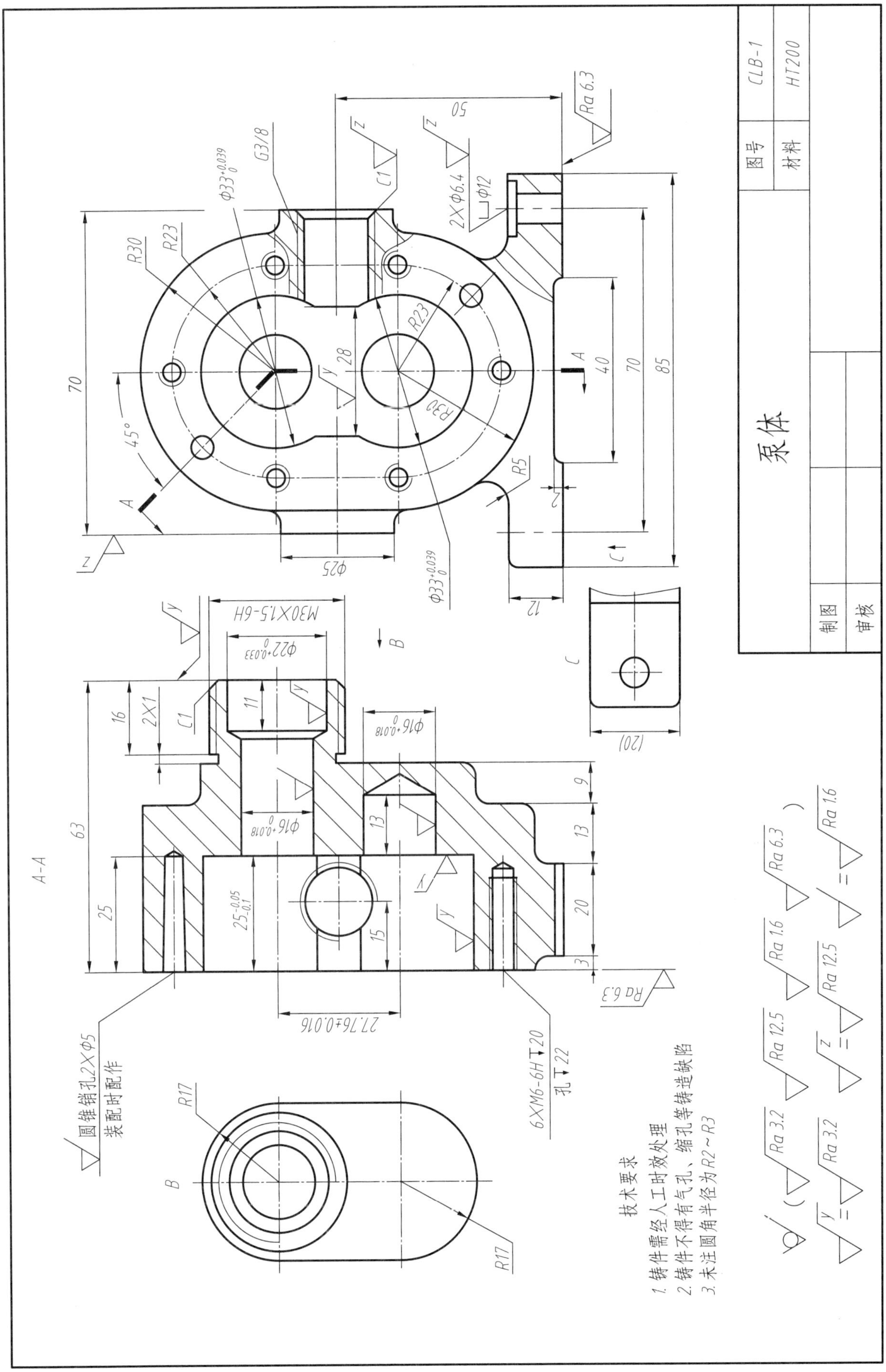
泵体
图号
CLB-1
材料
HT200
制图
审核
A-A
G3/8
2×Φ6.4
Φ12
M30×1.5-6H
圆锥销孔2×Φ5
装配时配作
6×M6-6H↧20
孔↧22
技术要求
1. 铸件需经人工时效处理
2. 铸件不得有气孔、缩孔等铸造缺陷
3. 未注圆角半径为R2~R3

（d）

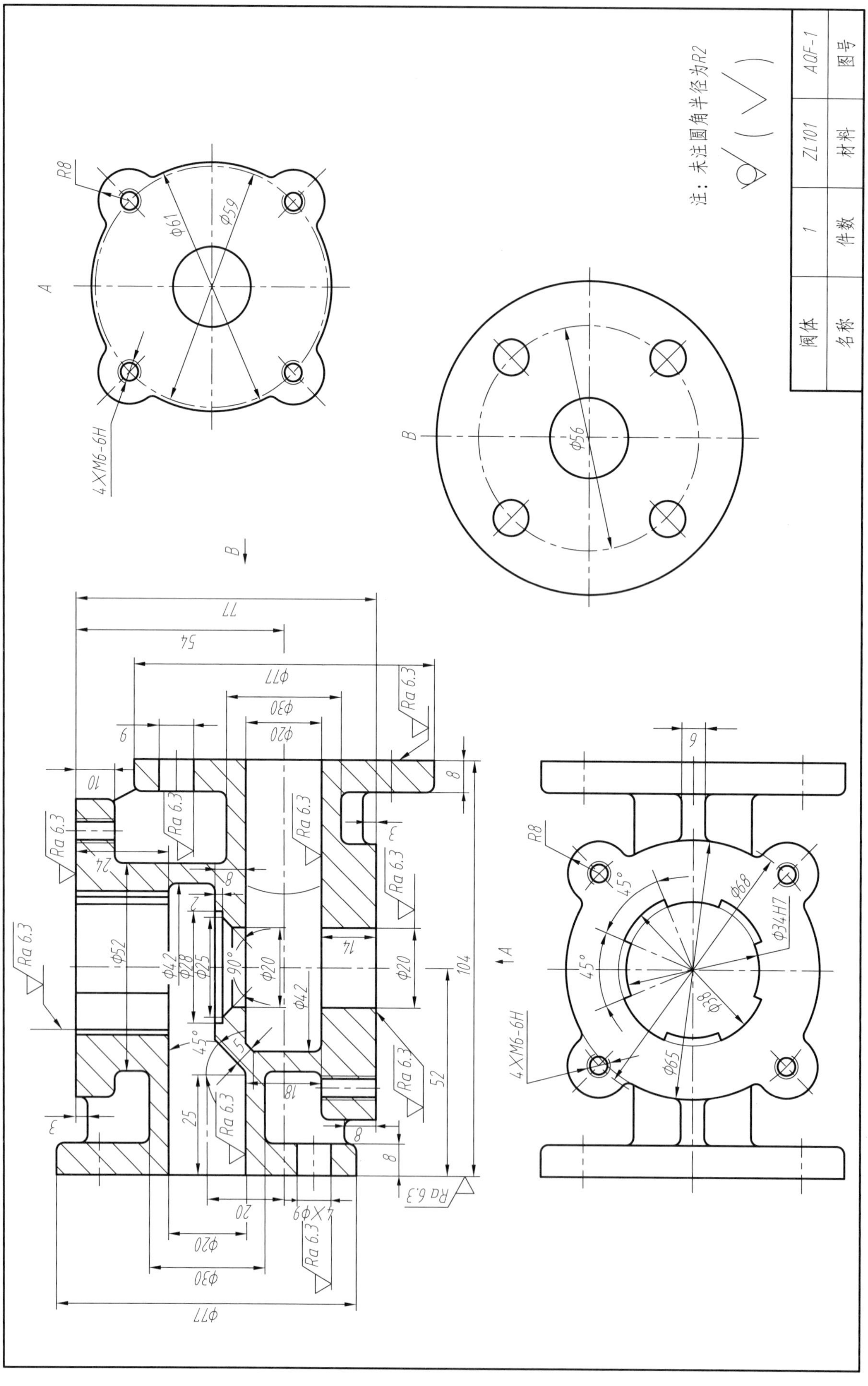
注：未注圆角半径为R2
阀体
1
ZL101
AQF-1
名称
件数
材料
图号
4×M6-6H
R8
φ61
φ59
φ56
φ68
φ65
φ38
φ34H7
45°
77
54
φ77
φ30
φ20
φ52
φ42
φ28
φ25
90°
104
52
25
20
4×φ9
Ra 6.3

(e)
图 1-22

1.12　绘制装配图

习题 1-23　根据图 1-23(a)和(b)所给的资料和图样,绘制如图 1-23(c)所示的推杆阀装配图。

推杆阀工作原理:推杆阀安装在低压管路系统中,用于控制管路的“通”或“不通”。当推杆受外力作用向左移动时,推动钢球左移并压缩弹簧,阀门打开;当去掉外力时,钢球在弹簧力的作用下右移,回复原位,阀门关闭。

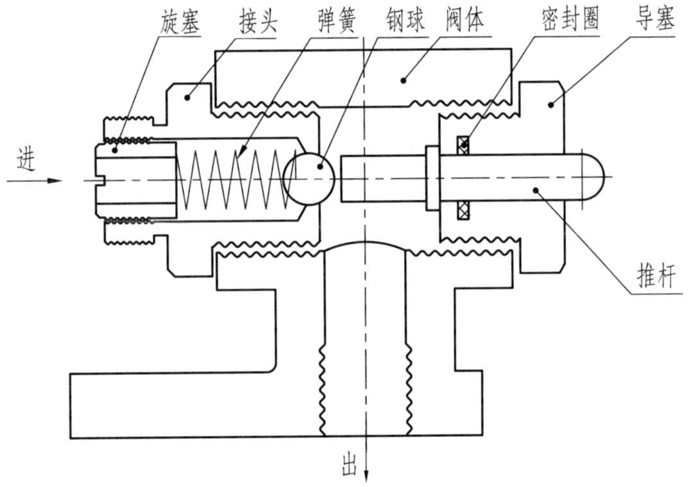

(a)

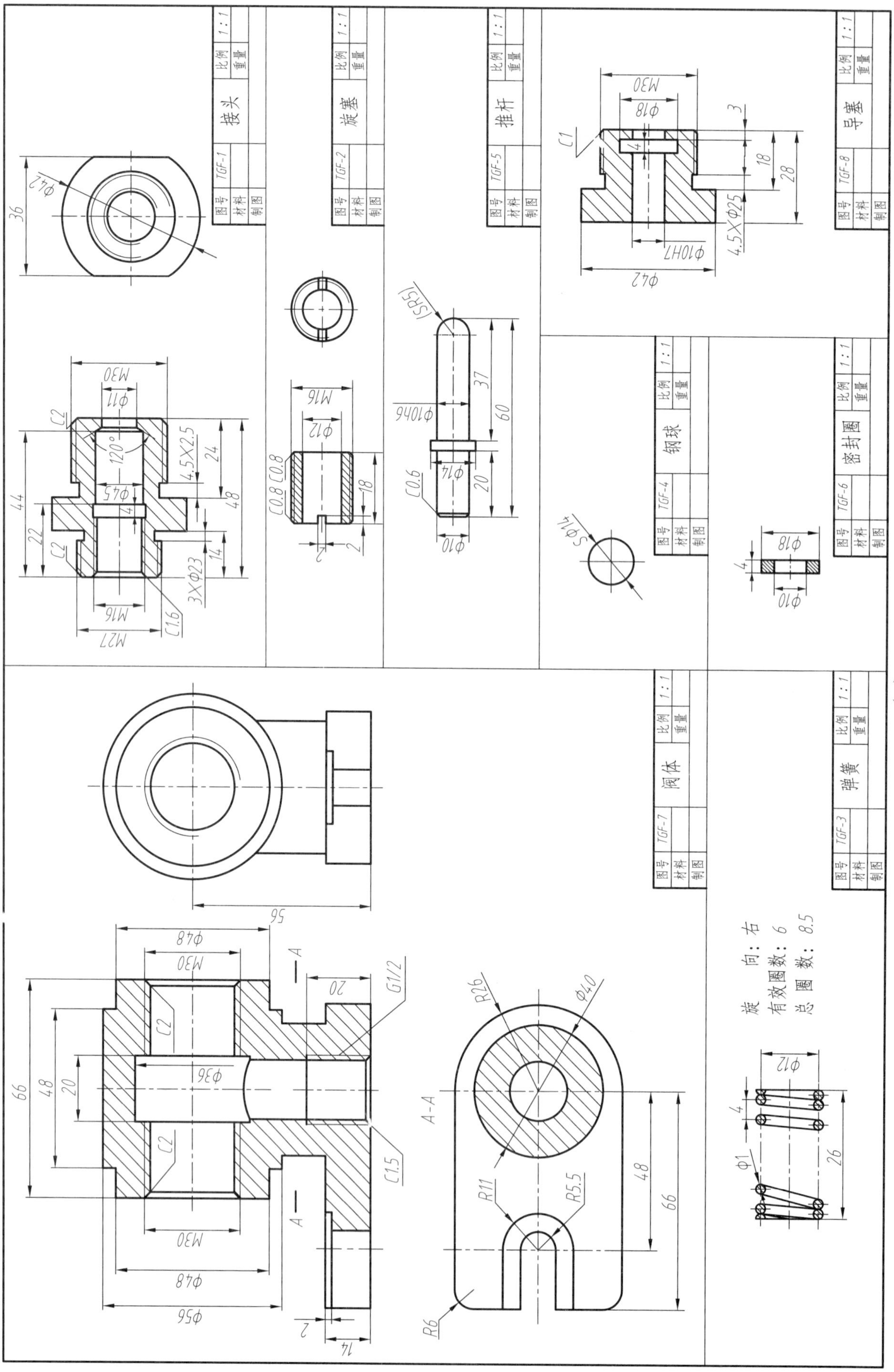
接头
图号 TGF-1
旋塞
图号 TGF-2
推杆
图号 TGF-5
导塞
图号 TGF-8
钢球
图号 TGF-4
密封圈
图号 TGF-6
阀体
图号 TGF-7
弹簧
图号 TGF-3
比例 1:1
旋 向：右
有效圈数：6
总 圈 数：8.5
A-A

(b)

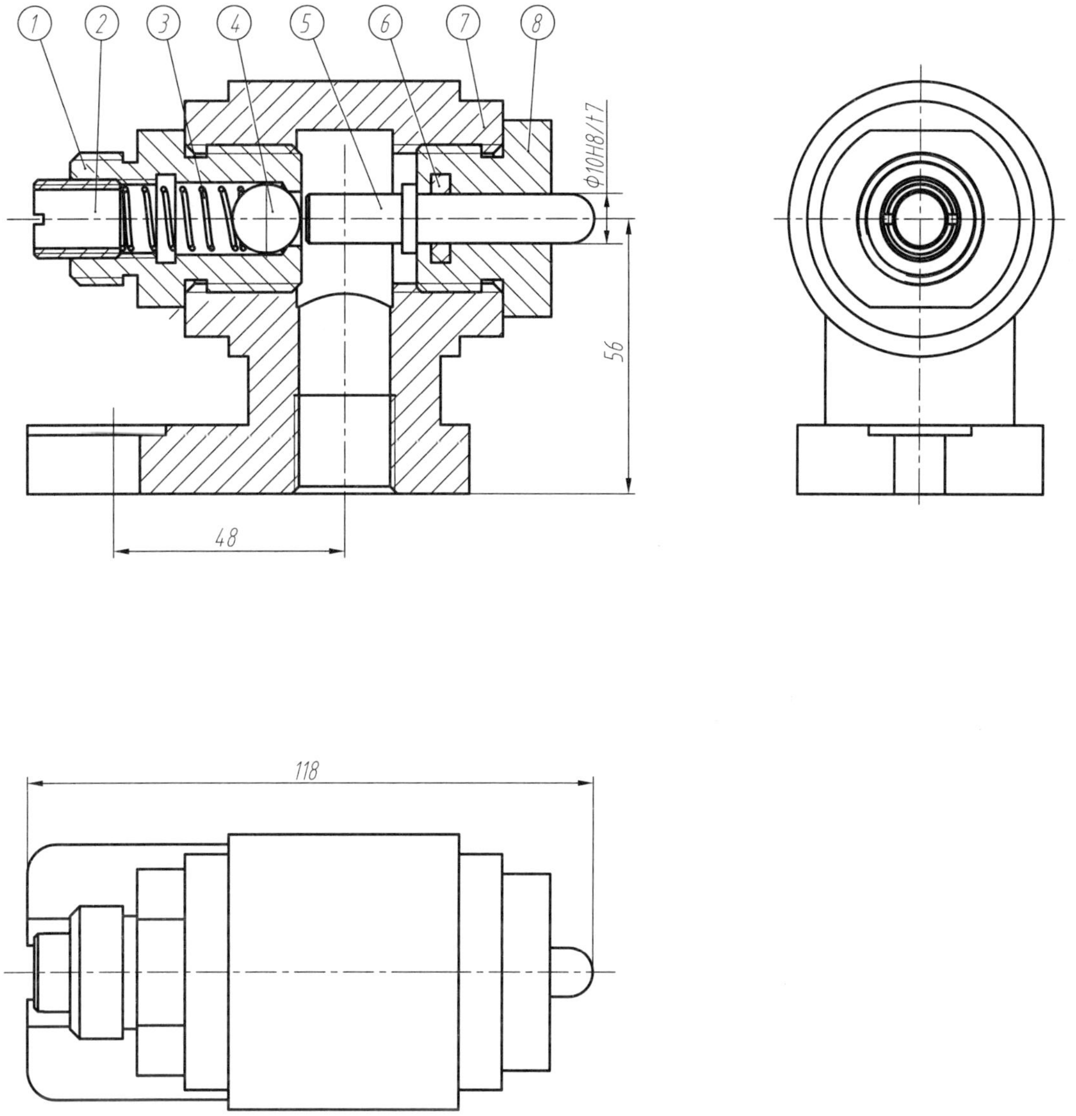

序号	零件名称	图号	数量	材料	备注
4	钢球	TGF-4	1		
3	弹簧	TGF-3	1		
2	螺塞	TGF-2	1		
1	接头	TGF-1	1		

序号	零件名称	图号	数量	材料	备注
8	导塞	TGF-8	1		
7	阀体	TGF-7	1		
6	密封圈	TGF-6	1		
5	推杆	TGF-5	1		

推杆阀		比例	1 : 1
		图号	TGF-0
设计			
审核			

(c)

图 1-23

习题 1-24 根据图 1-24(a)和(b)所给资料和图样，绘制如图 1-24(c)所示的手压阀装配工程图。

手压阀工作原理：手压阀是吸进或排出液体的一种手动装置。当握住手柄 10 向下压紧阀杆 5 时，弹簧 3 受力压缩使阀杆向下移动，液体进口与出口相通。手柄向上抬起时，由于弹簧弹力作用，阀杆向上压紧阀体 4，使液体进口与出口不通。

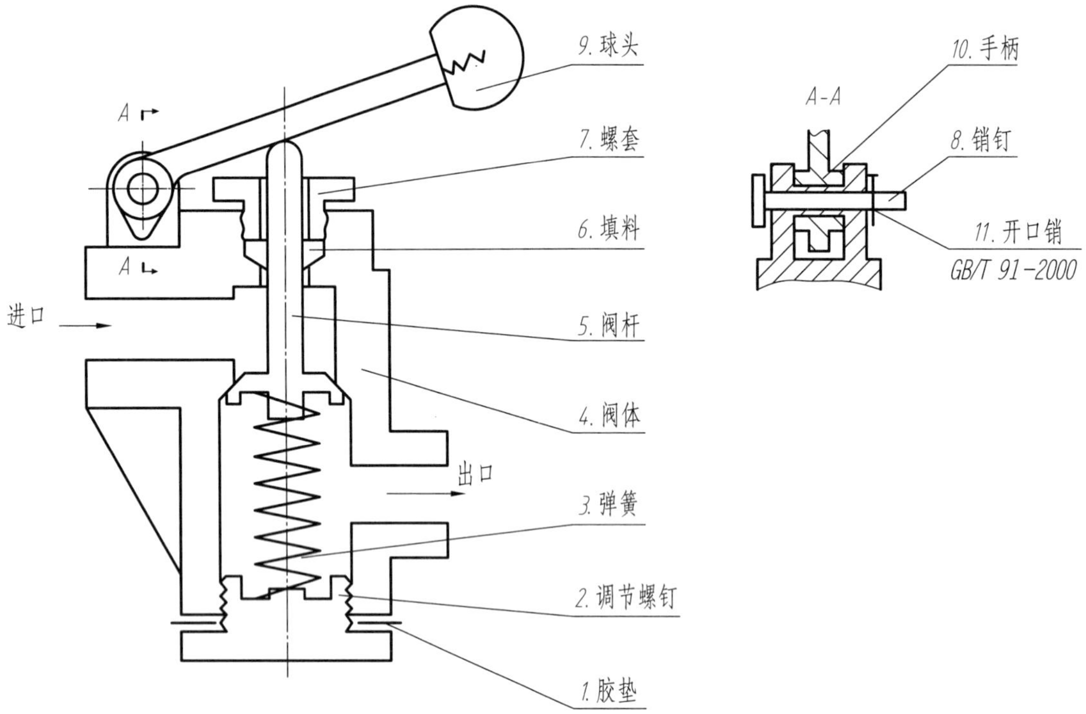

(a) 手压阀装配示意图

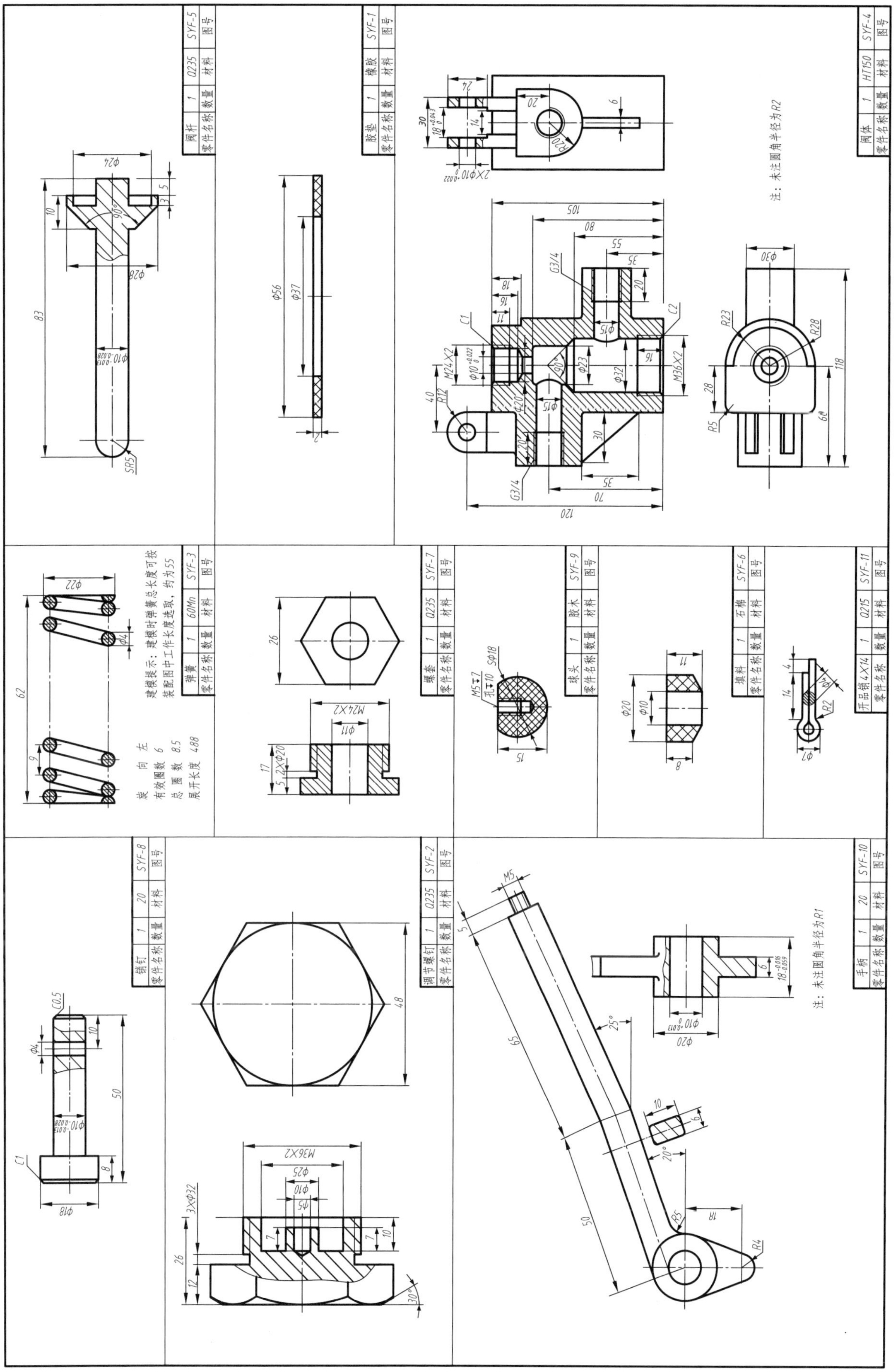
阀杆 1 Q235 SYF-5
零件名称 数量 材料 图号
胶垫 1 橡胶 SYF-1
零件名称 数量 材料 图号
阀体 1 HT150 SYF-4
零件名称 数量 材料 图号
注：未注圆角半径为R2
弹簧 1 60Mn SYF-3
零件名称 数量 材料 图号
建模提示：建模时弹簧总长度可按装配图中工作长度选取，约为55
旋向 左
有效圈数 6
总圈数 8.5
展开长度 488
螺套 1 Q235 SYF-7
零件名称 数量 材料 图号
球头 1 胶木 SYF-9
零件名称 数量 材料 图号
填料 1 石棉 SYF-6
零件名称 数量 材料 图号
开口销4×14 1 Q215 SYF-11
零件名称 数量 材料 图号
销钉 1 20 SYF-8
零件名称 数量 材料 图号
调节螺钉 1 Q235 SYF-2
零件名称 数量 材料 图号
手柄 1 20 SYF-10
零件名称 数量 材料 图号
注：未注圆角半径为R1

（b）

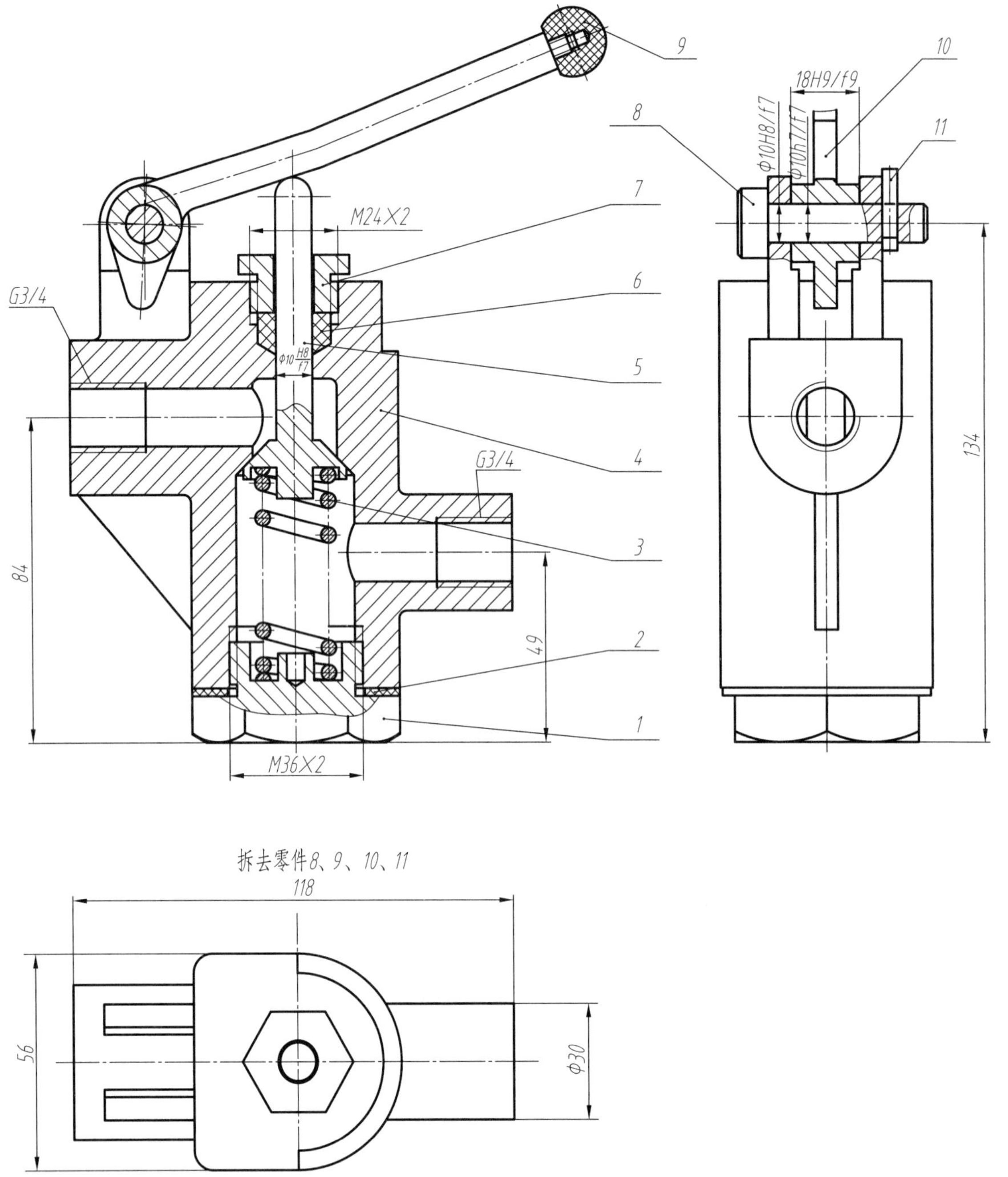

序号	零件名称	图号	数量	材料	备注
11	开口销4X14	SYF-11	1	Q235	GB/T 91-2000
10	手柄	SYF-10	1	20	
9	球头	SYF-9	1	胶木	
8	销钉	SYF-8	1	20	
7	螺套	SYF-7	1	Q235	
6	填料	SYF-6	1	石棉	
5	阀杆	SYF-5	1	Q235	

序号	零件名称	图号	数量	材料	备注
4	阀体	SYF-4	1	HT150	
3	弹簧	SYF-3	1	60Mn	
2	调节螺钉	SYF-1	1	Q235	
1	胶垫	SYF-2	1	橡胶	

手压阀		比例	1:1
		图号	SYF-0
设计			
审核			

(c)

图 1-24

习题 1-25　根据图 1-25(a)~(d)所给资料和图样，绘制如图 1-25(e)所示的安全阀装配工程图。

安全阀工作原理：安全阀是装在柴油发动机供油管路中的一个部件，用于使剩余的柴油回到油箱中。正常工作时，柴油从阀体 1 右端孔流入，从下端孔流出。当主油路获得过量的油时，油压升高，高压油克服弹簧 5 的压力，向上顶起阀门 2，过量的油就从阀体 1 和阀门 2 开启后的缝隙中流出，从左端管道流回油箱。阀门 2 的启闭由弹簧 5 控制。弹簧压力的大小由螺杆 7 调节。阀帽 8 用于保护螺杆免受损伤或触动。

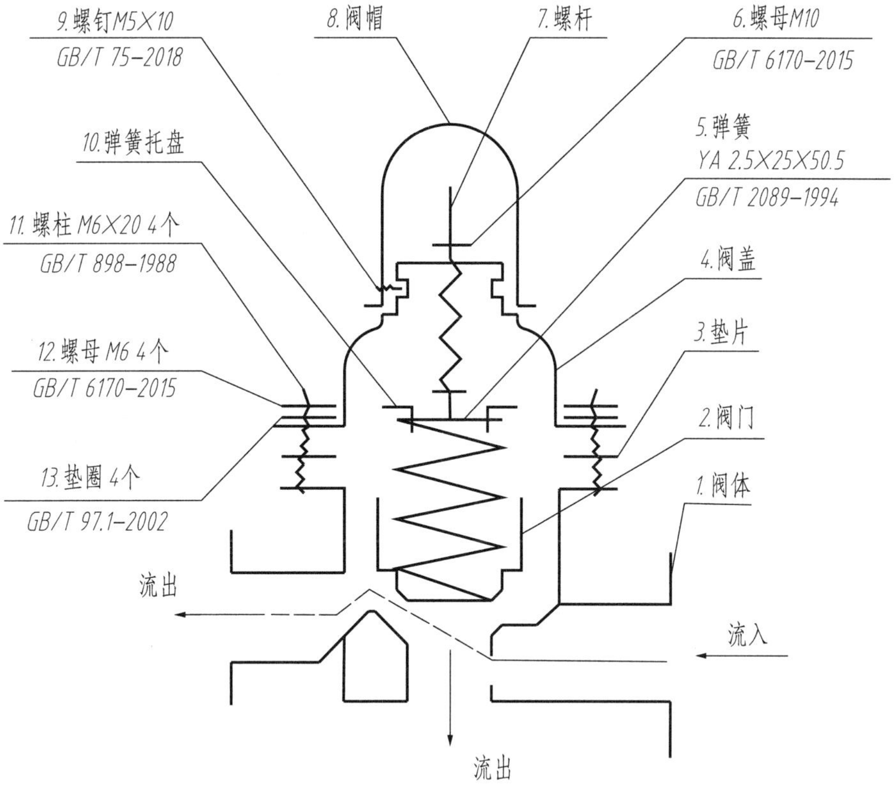

(a)

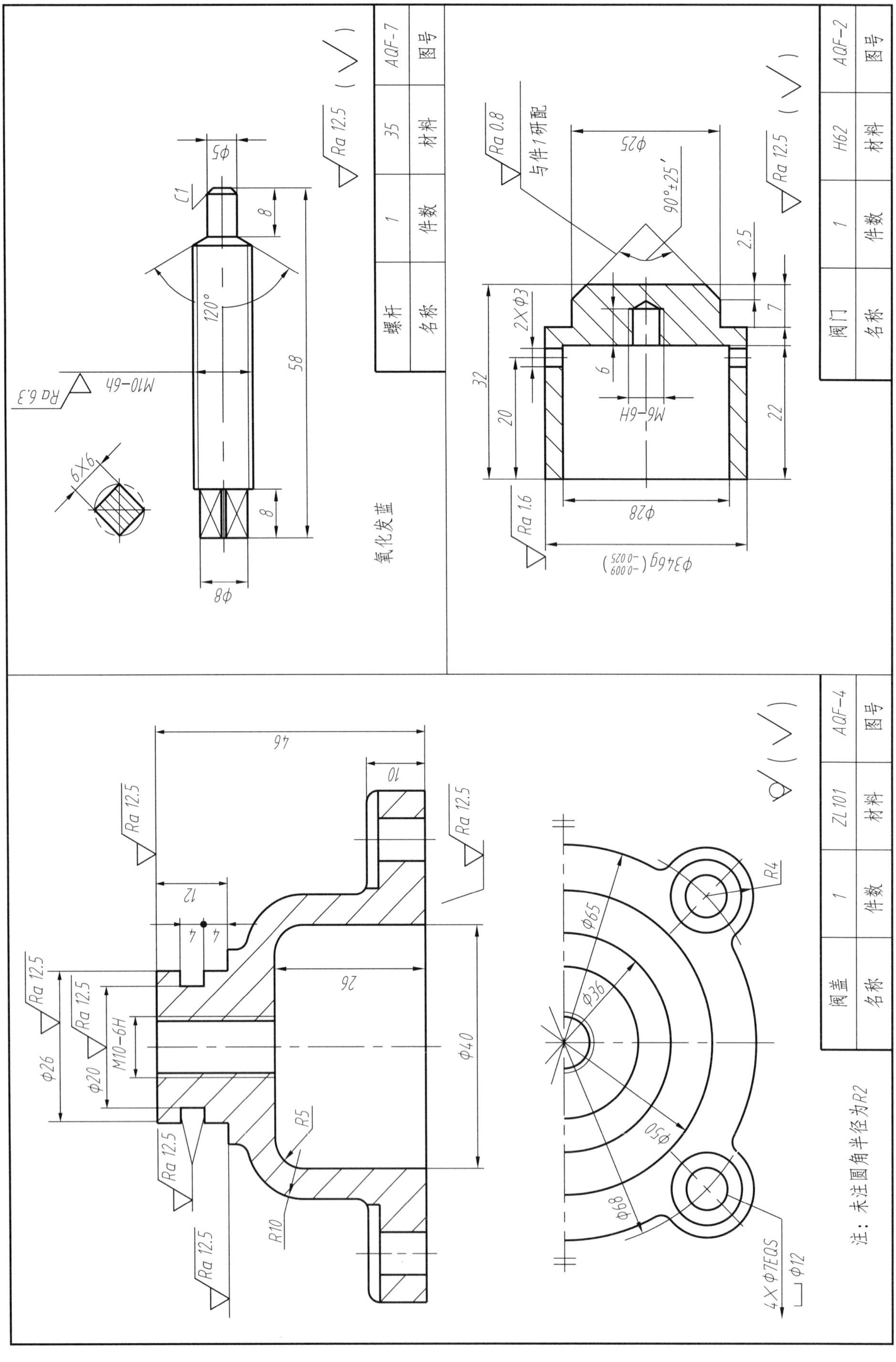
螺杆
1
35
AQF-7
名称
件数
材料
图号
Ra 12.5
Ra 6.3
M10-6h
6X6
120°
C1
Φ5
Φ8
8
58
氧化发蓝
阀门
1
H62
AQF-2
名称
件数
材料
图号
Ra 12.5
Ra 0.8
与件1研配
Φ25
90°±25′
2.5
7
2XΦ3
6
M6-6H
32
20
22
Ra 1.6
Φ28
Φ34g6(−0.009/−0.025)
阀盖
1
ZL101
AQF-4
名称
件数
材料
图号
Ra 12.5
46
10
12
4
4
26
Φ40
Φ26
Φ20
M10-6H
R5
R10
R4
Φ65
Φ36
Φ50
Φ68
4XΦ7EQS
⌴Φ12
注：未注圆角半径为R2

（b）

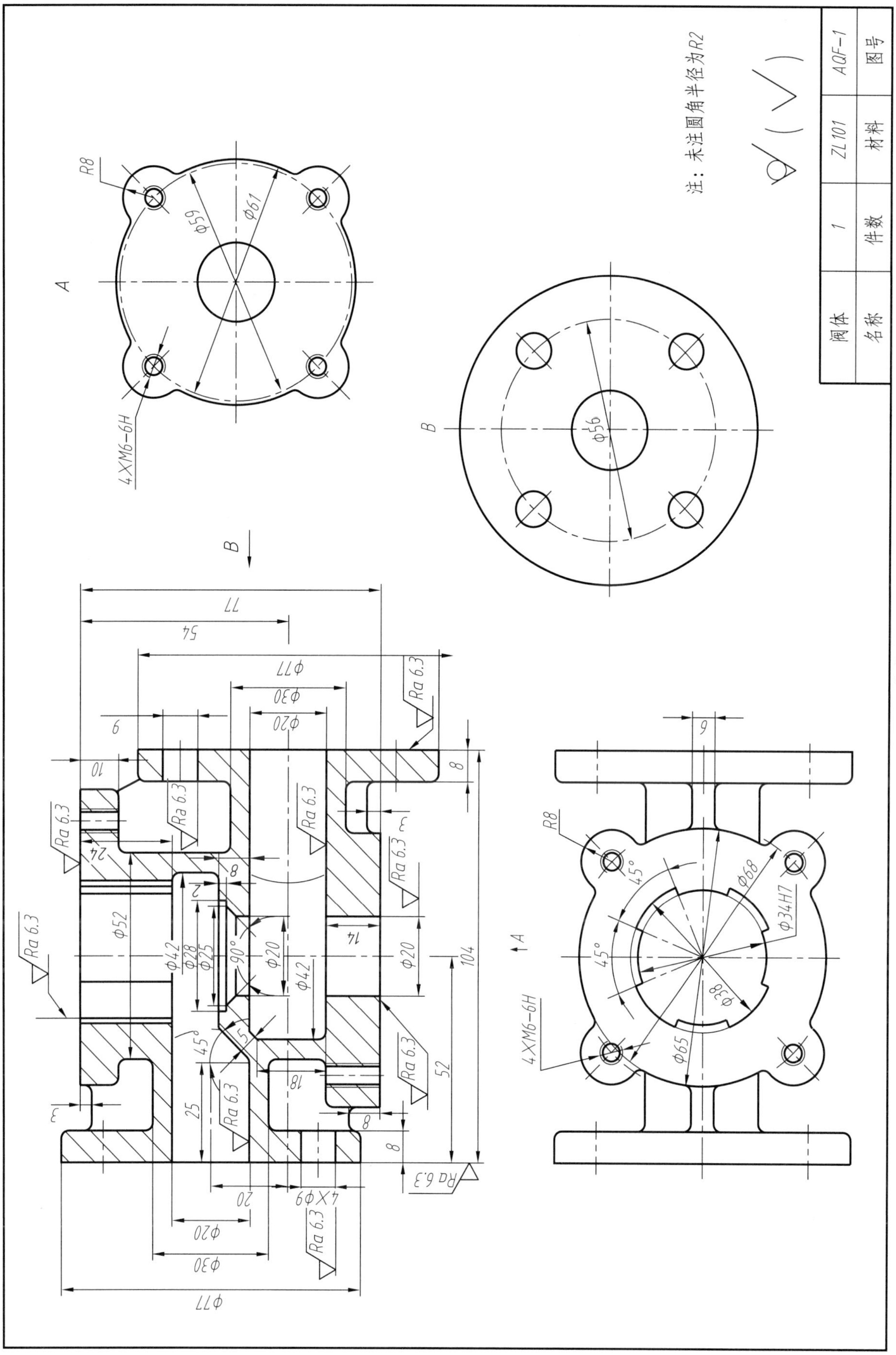
注：未注圆角半径为R2
阀体
1
ZL101
AQF-1
名称
件数
材料
图号
A
B
4×M6-6H
R8
φ59
φ61
φ56
φ77
φ30
φ20
φ52
φ42
φ28
φ25
φ68
φ65
φ34H7
φ38
4×φ9
Ra 6.3
77
54
104
52
25
18
45°
90°

（c）

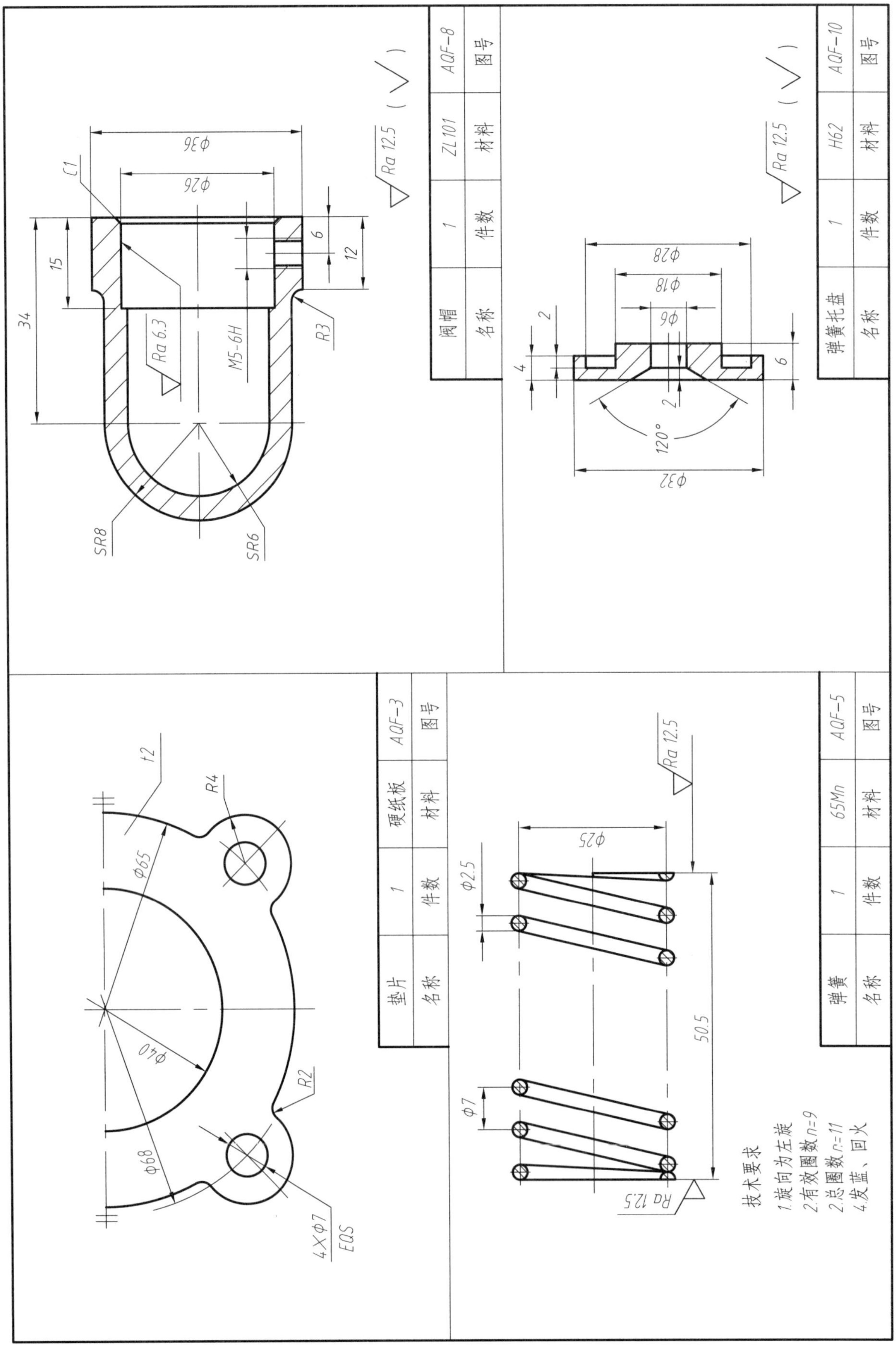
阀帽
1
ZL101
AQF-8
名称
件数
材料
图号
Ra 12.5
C1
Φ36
Φ26
15
34
6
12
M5-6H
Ra 6.3
R3
SR8
SR6
弹簧托盘
1
H62
AQF-10
Φ28
Φ18
Φ6
Φ32
120°
垫片
1
硬纸板
AQF-3
t2
R4
Φ65
Φ40
Φ68
R2
4×Φ7
EQS
弹簧
1
65Mn
AQF-5
Φ25
Φ2.5
Φ7
50.5
技术要求
1.旋向为左旋
2.有效圈数n=9
3.总圈数n=11
4.发蓝、回火

(d)

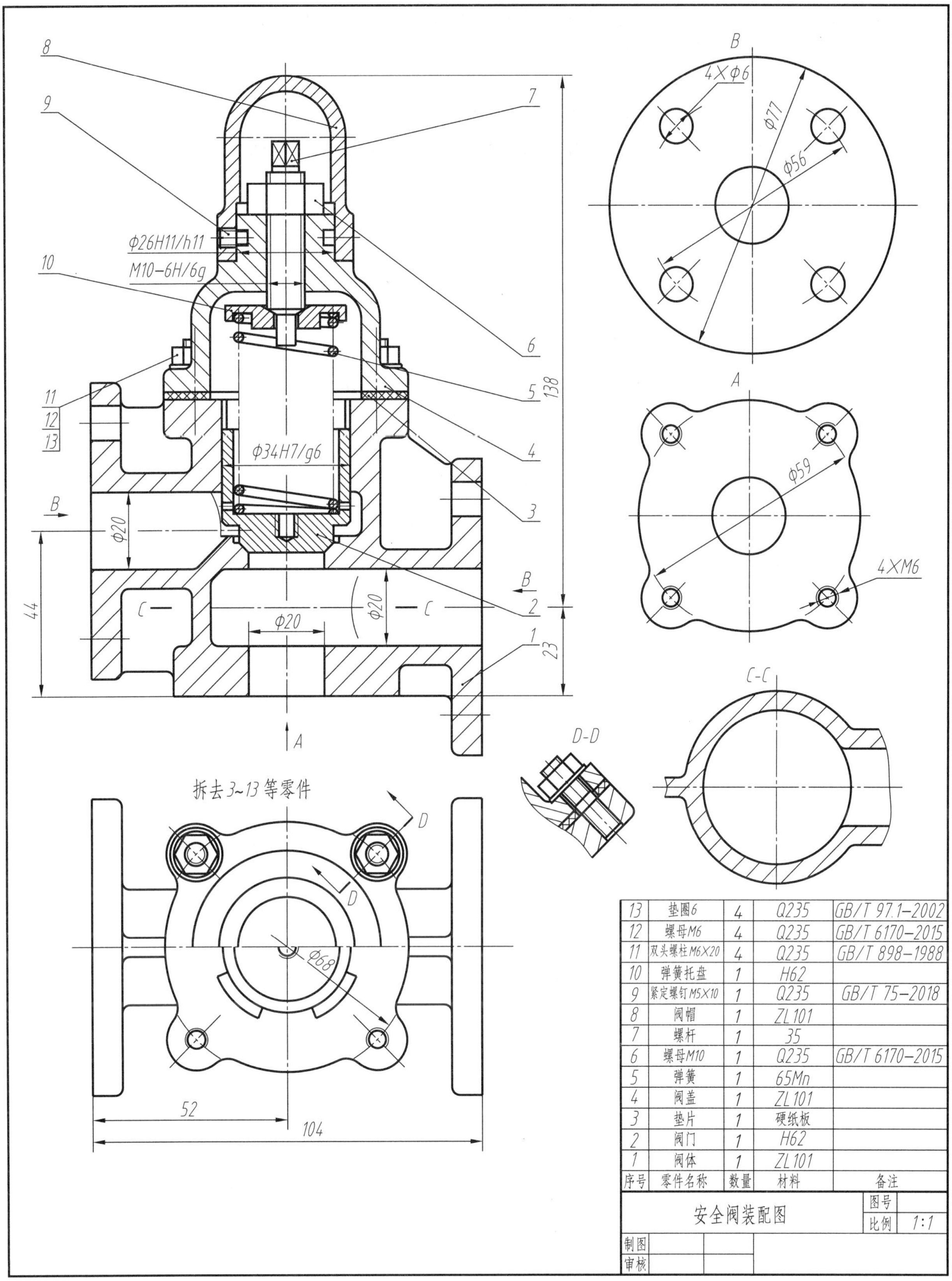

序号	零件名称	数量	材料	备注
13	垫圈6	4	Q235	GB/T 97.1—2002
12	螺母M6	4	Q235	GB/T 6170—2015
11	双头螺柱M6×20	4	Q235	GB/T 898—1988
10	弹簧托盘	1	H62	
9	紧定螺钉M5×10	1	Q235	GB/T 75—2018
8	阀帽	1	ZL101	
7	螺杆	1	35	
6	螺母M10	1	Q235	GB/T 6170—2015
5	弹簧	1	65Mn	
4	阀盖	1	ZL101	
3	垫片	1	硬纸板	
2	阀门	1	H62	
1	阀体	1	ZL101	

安全阀装配图	图号	
	比例	1:1
制图		
审核		

(e)

图 1-25

习题 1-26 根据图 1-26(a)~(e)所给资料和图样,绘制如图 1-26(f)所示的齿轮油泵装配工程图。

齿轮油泵工作原理:齿轮油泵在泵体中装有一对回转齿轮轴,一个主动,另一个从动,依靠两齿轮的相互啮合,把泵内的整个工作腔分为两个独立的部分。一部分为吸入腔,另一部分为排出腔。齿轮油泵在运转时主动齿轮轴 5 带动从动齿轮轴 4 旋转,当齿轮从啮合到脱开时在吸入侧就形成局部真空,液体被吸入。被吸入的液体充满齿轮的各个齿谷而带到排出侧,齿轮进入啮合时液体被挤出,形成高压液体并经泵排出口排出泵外。

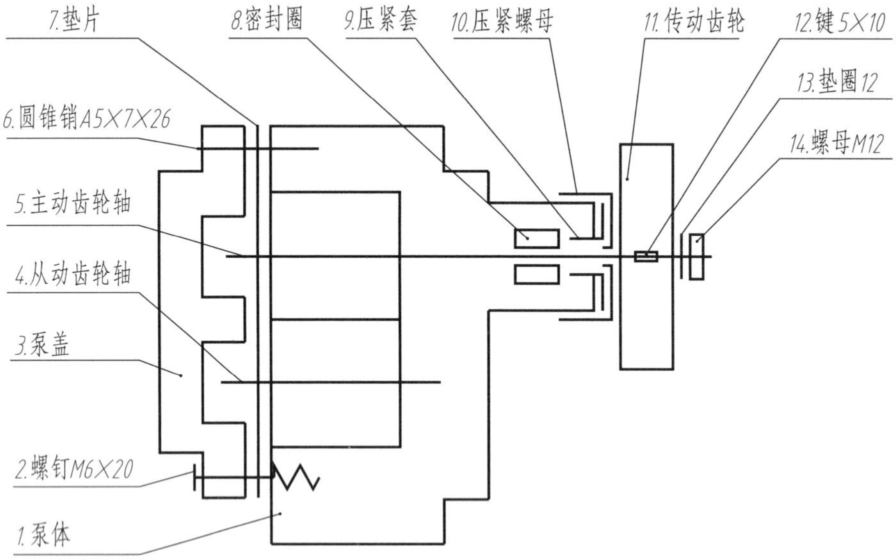

(a)

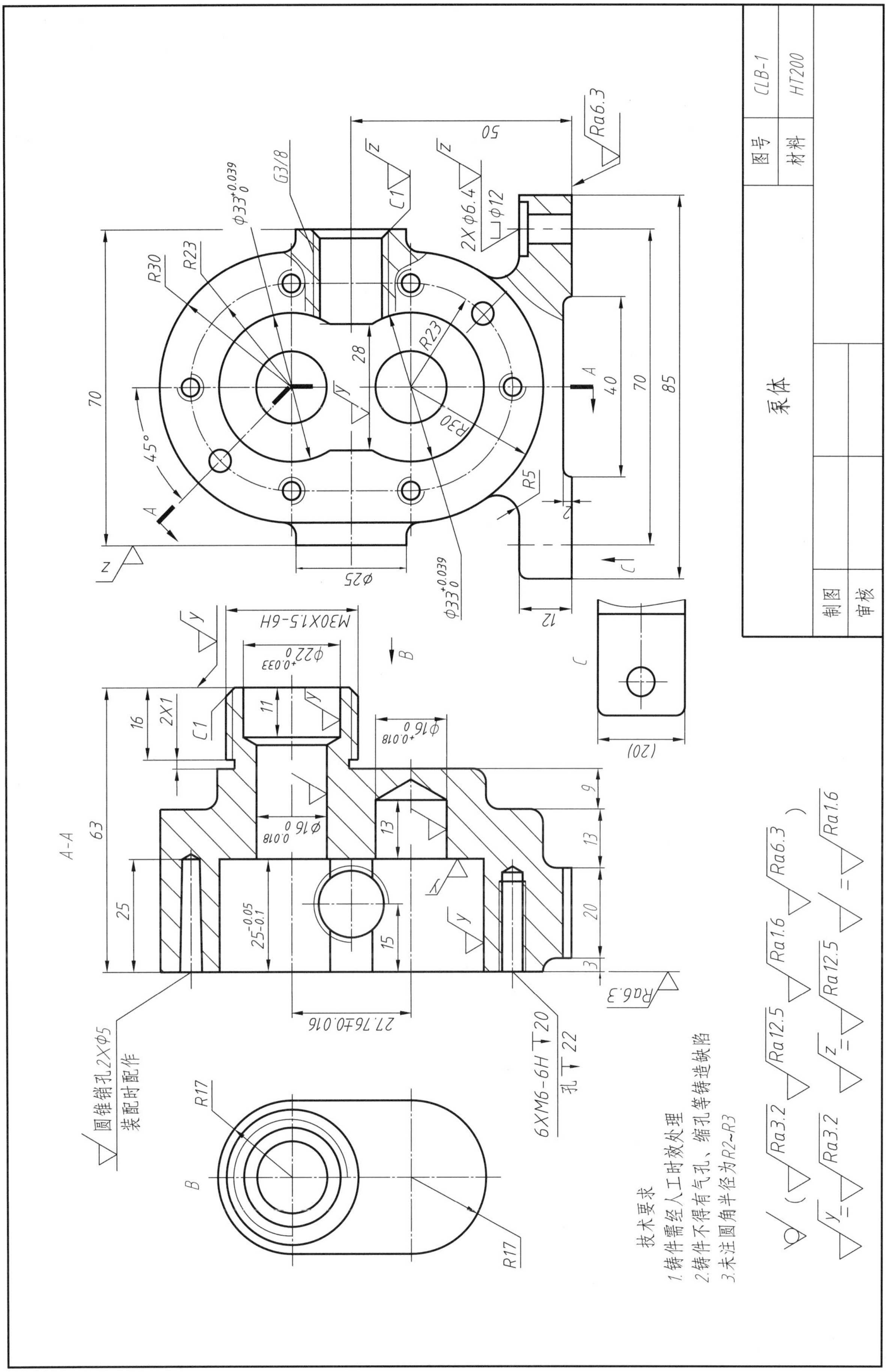
A-A
B
C
圆锥销孔2XΦ5
装配时配作
6XM6-6H ↧20
孔 ↧22
技术要求
1.铸件需经人工时效处理
2.铸件不得有气孔、缩孔等铸造缺陷
3.未注圆角半径为R2~R3
图号
CLB-1
材料
HT200
泵体
制图
审核

（b）

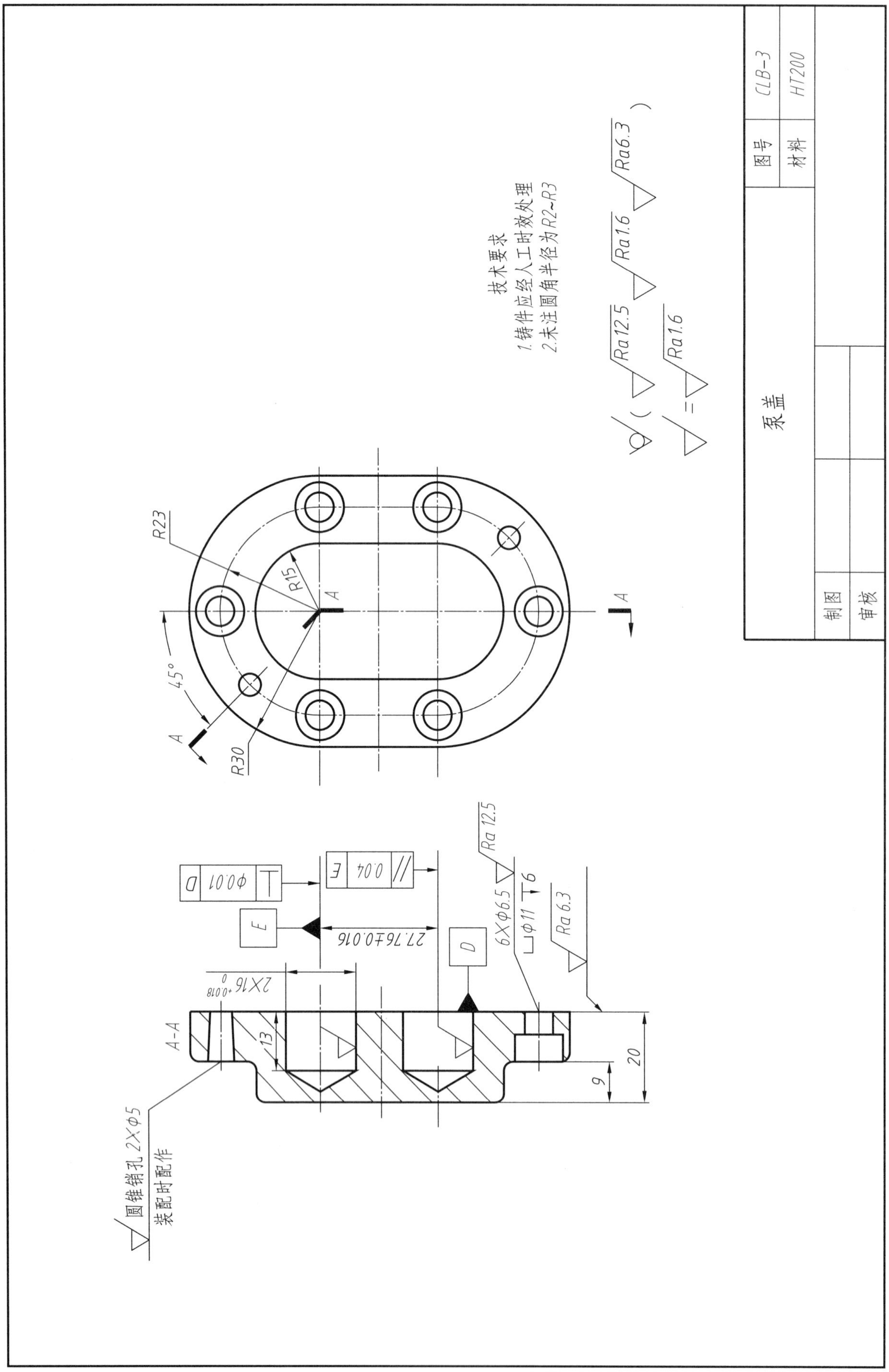

技术要求
1.铸件应经人工时效处理
2.未注圆角半径为R2~R3
Ra12.5
Ra1.6
Ra6.3
Ra1.6
泵盖
图号
CLB-3
材料
HT200
制图
审核
R23
R15
R30
45°
A
A-A
2×16 +0.018 0
27.76±0.016
// 0.04 E
⊥ φ0.01 D
E
D
6×φ6.5
⌴φ11 ↧6
Ra 12.5
Ra 6.3
13
20
9
圆锥销孔 2×φ5
装配时配作

(c)

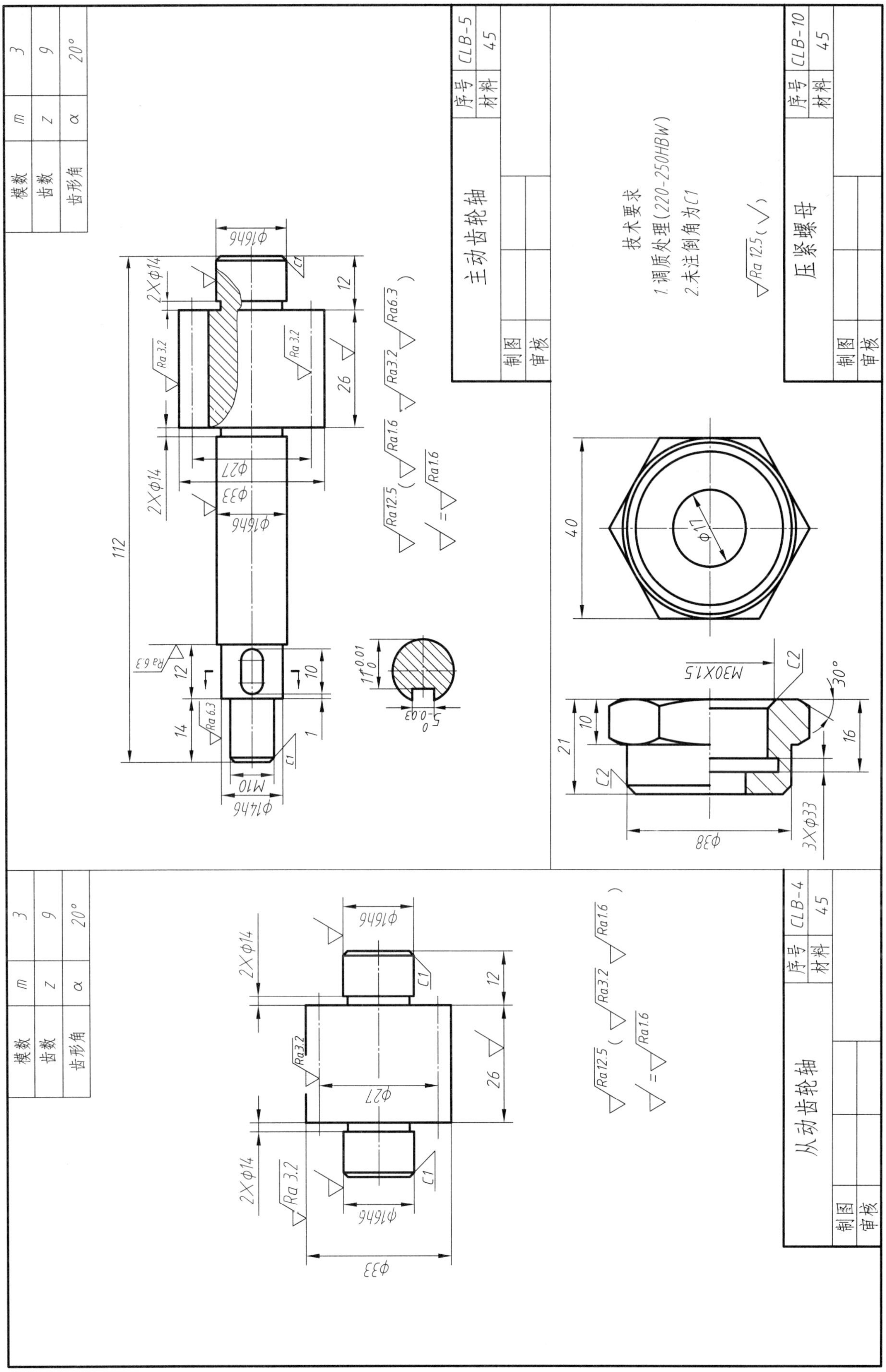
主动齿轮轴
序号 CLB-5
材料 45
制图
审核
模数 m 3
齿数 z 9
齿形角 α 20°
压紧螺母
序号 CLB-10
材料 45
技术要求
1.调质处理(220-250HBW)
2.未注倒角为C1
从动齿轮轴
序号 CLB-4
材料 45

(d)

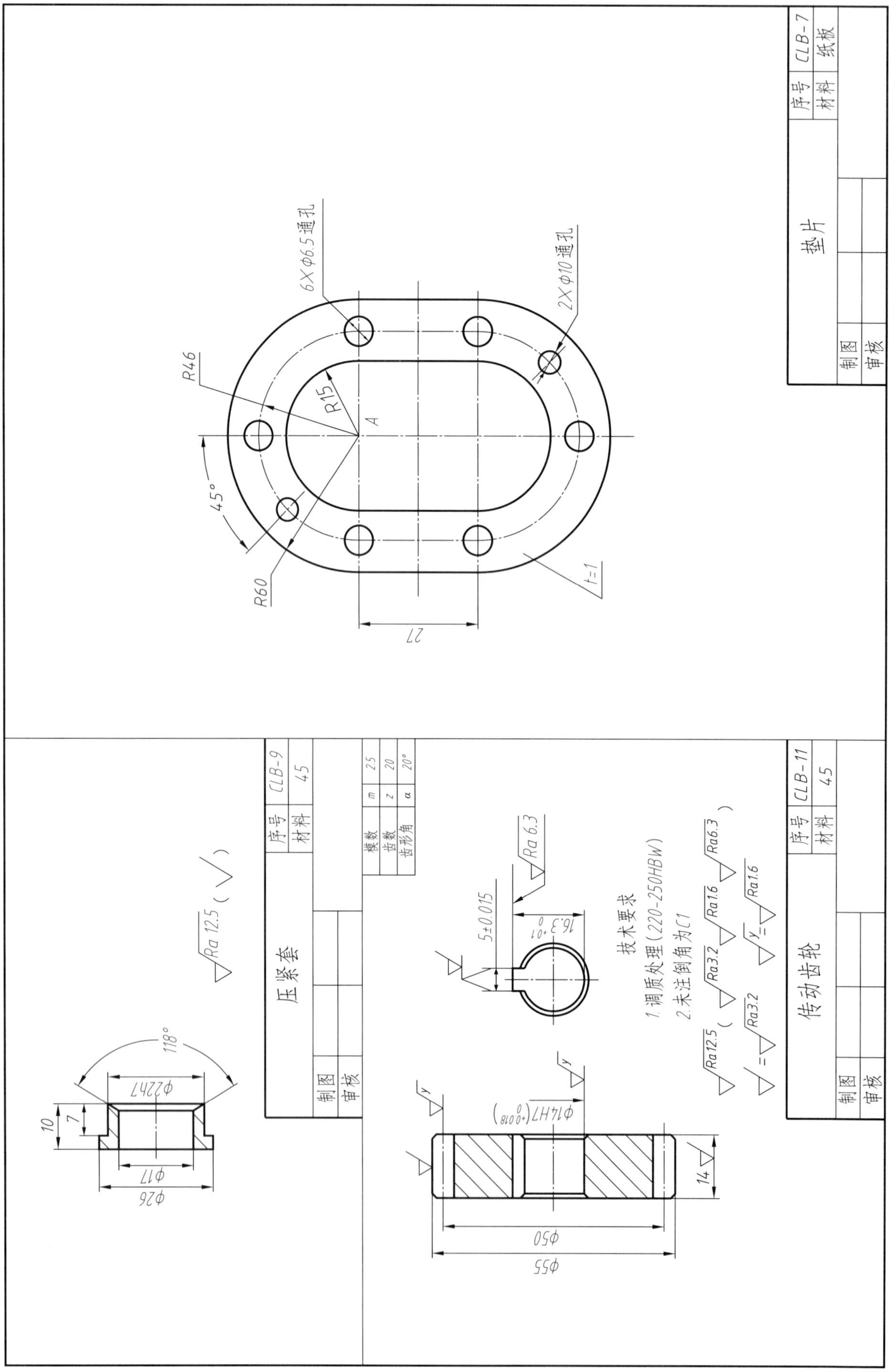
垫片
序号 CLB-7
材料 纸板
制图
审核
6×Φ6.5通孔
2×Φ10通孔
R46
R15
R60
A
45°
t=1
27
压紧套
序号 CLB-9
材料 45
制图
审核
Ra 12.5（√）
118°
Φ22h7
Φ17
Φ26
10
7
模数 m 2.5
齿数 z 20
齿形角 α 20°
传动齿轮
序号 CLB-11
材料 45
技术要求
1.调质处理（220-250HBW）
2.未注倒角为C1
Ra 6.3
Ra3.2
Ra1.6
Ra12.5
5±0.015
16.3
Φ14H7
14
Φ50
Φ55

（e）

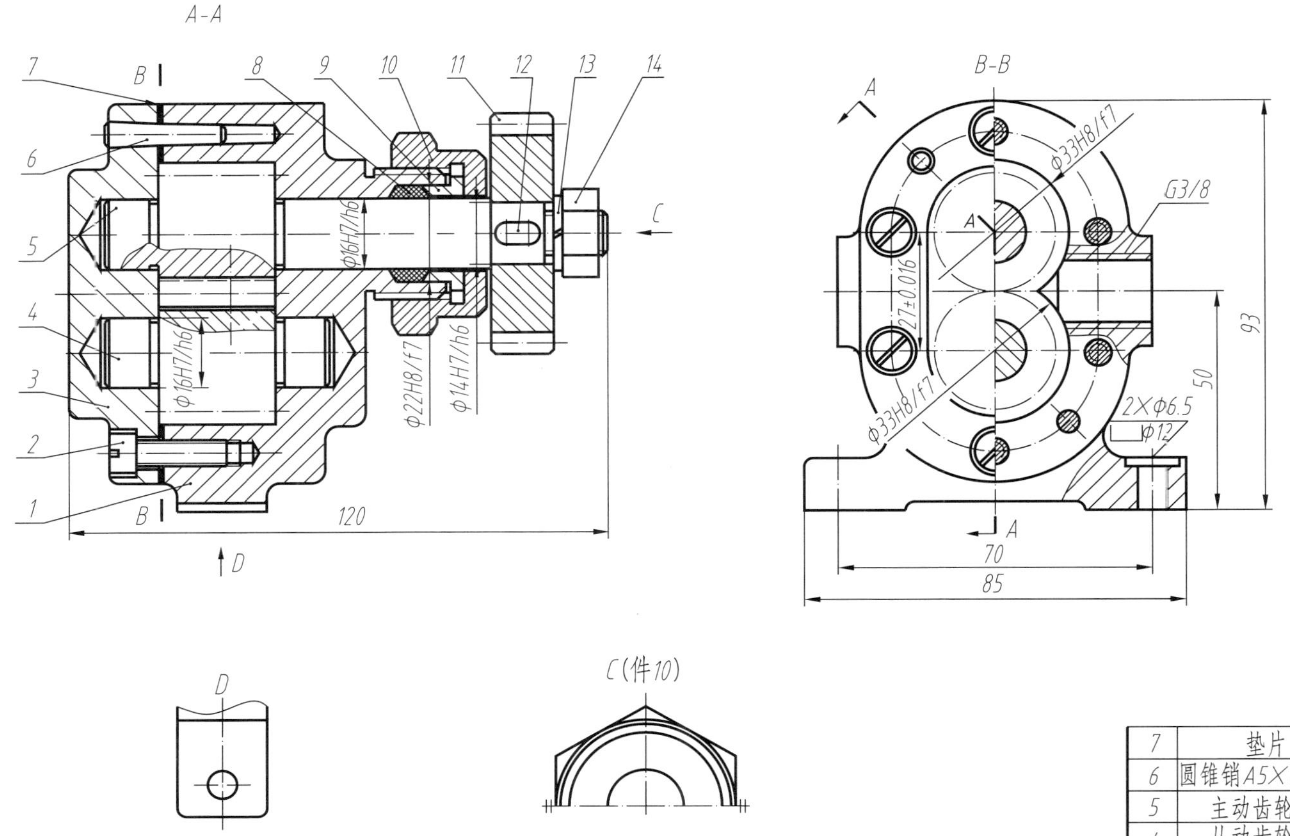

技术要求

1. 齿轮安装后，用手转动齿轮轴时，应无卡阻现象

2. 两齿轮的啮合面应占齿长的 3/4 以上

3. 安装后应进行油压试验

序号	名称	数量	材料	备注
14	螺母 M12	1	35	GB/T 6170
13	垫圈 12	1	65Mn	GB/T 93
12	键 5×10	1	45	GB/T 1096
11	传动齿轮	1	45	m=2.5; z=20
10	压紧螺母	1	35	
9	压紧套	1	ZQSn6-6-3	
8	密封圈	1	橡胶	
7	垫片	1	纸板	
6	圆锥销 A5×7×26	2	35	GB/T 117
5	主动齿轮轴	1	45	m=3; z=9
4	从动齿轮轴	1	45	m=3; z=9
3	泵盖	1	HT200	
2	螺钉 M6×20	6	35	GB/T 65
1	泵体	1	HT200	

齿轮油泵			
制图		图号	CLB-0
审核		比例	1:1

（f）

图 1-26

第 2 章　建筑绘图实践

2.1　绘制基本图形

习题 2-1　根据如图 2-1 所示图形的不同线型创建图层，并完成图形绘制，不标注尺寸。

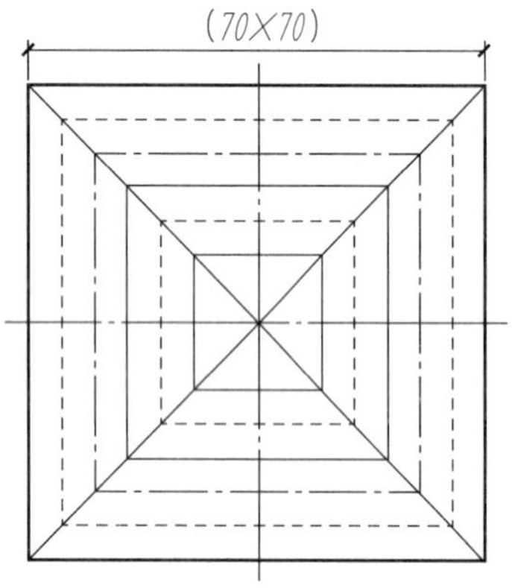

（a）

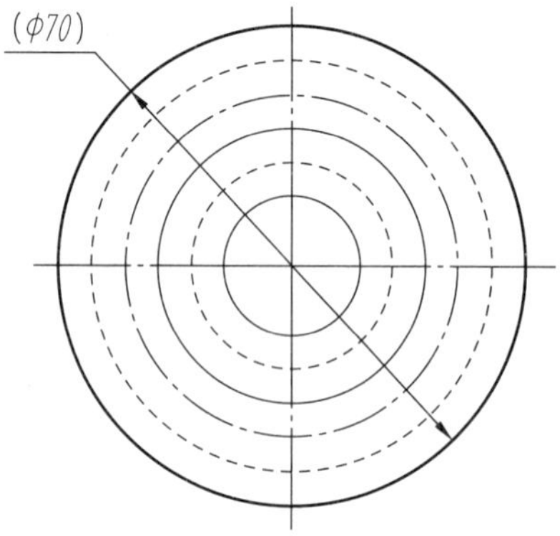

（b）

图 2-1

习题 2-2　使用多段线命令完成如图 2-2 所示指北针的绘制（指北针的直径为 24 mm，尾部宽度为 3 mm）。

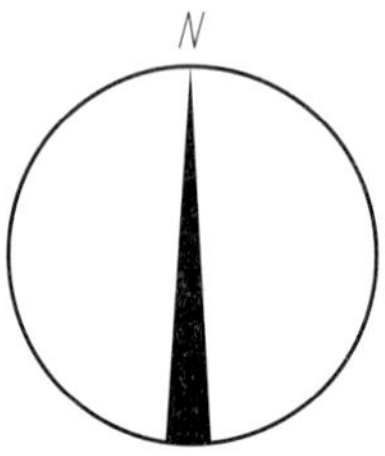

图 2-2

习题 2-3 完成如图 2-3 所示 A4 图幅及标题栏的绘制，图幅、图框尺寸应符合国家制图标准要求；并设置文字样式，完成标题栏文字注写（图名为 10 号字，校名为 7 号字，其他为 5 号字）。

（a）

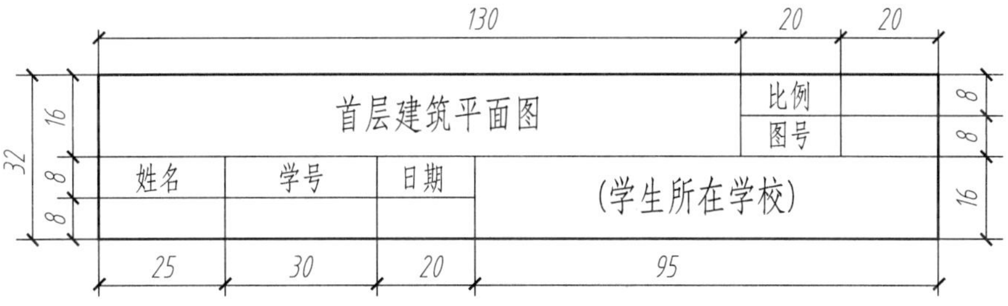

（b）

图 2-3

习题 2-4 完成如图 2-4 所示推拉窗的绘制。不标注尺寸，其中窗扇宽度为 60 mm，窗棂宽度为 30 mm。

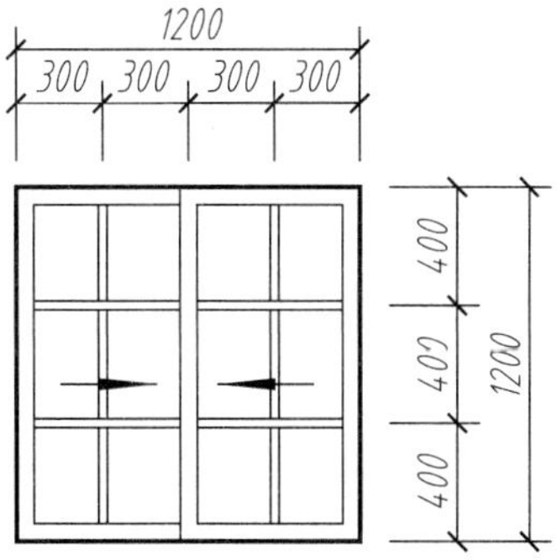

图 2-4

习题 2-5 完成如图 2-5 所示双扇平开门的绘制。不标注尺寸，其中门梃宽度为 60 mm，装饰分格条宽度为 30 mm。

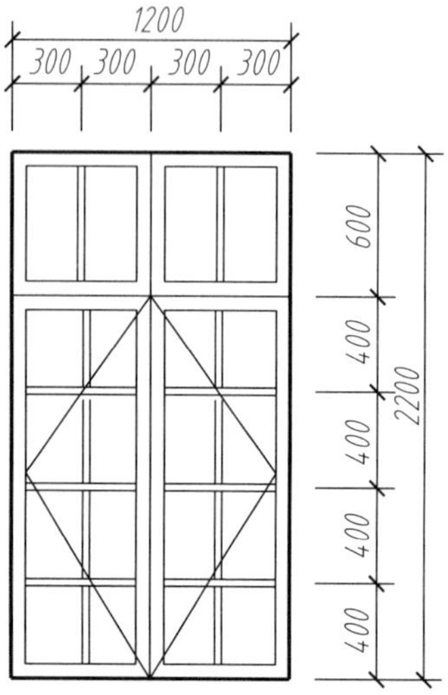

图 2-5

习题 2-6 分析如图 2-6 所示图案圆弧间的相互关系，并完成图案的绘制，不标注尺寸。

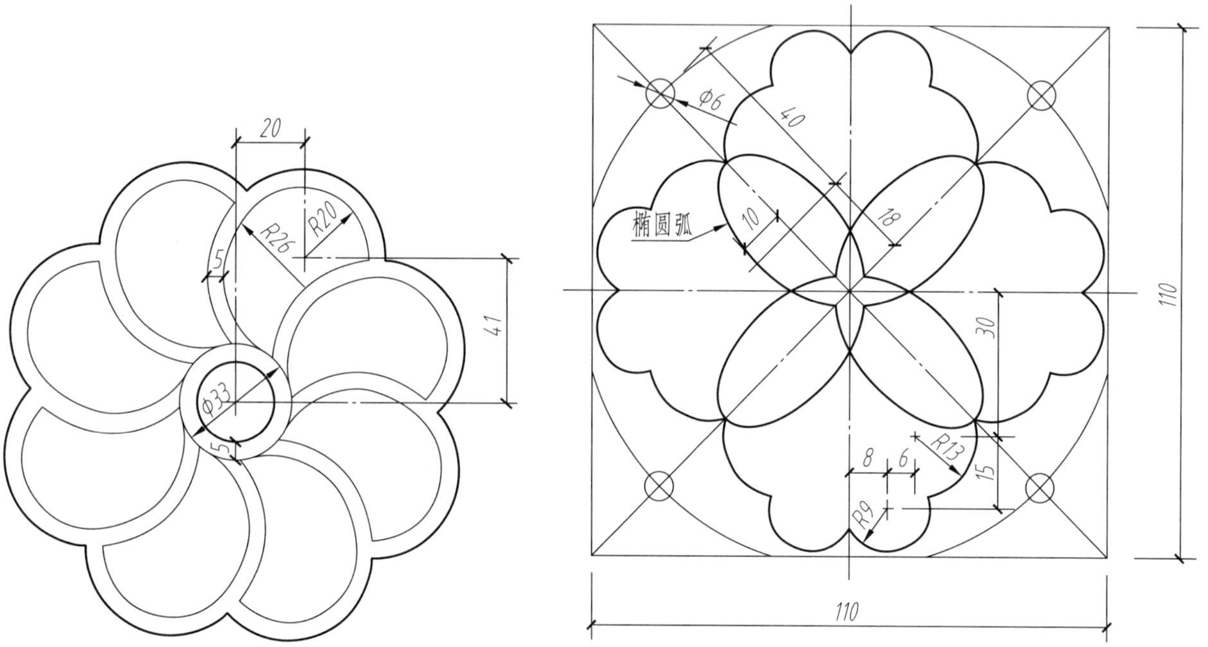

(a) (b)

图 2-6

习题 2-7　拱涵是一种涵洞或通道，主要用于让水或小型机车从道路下方穿越。绘制完成如图 2-7 所示拱涵形状的平面图形绘制并标注尺寸。

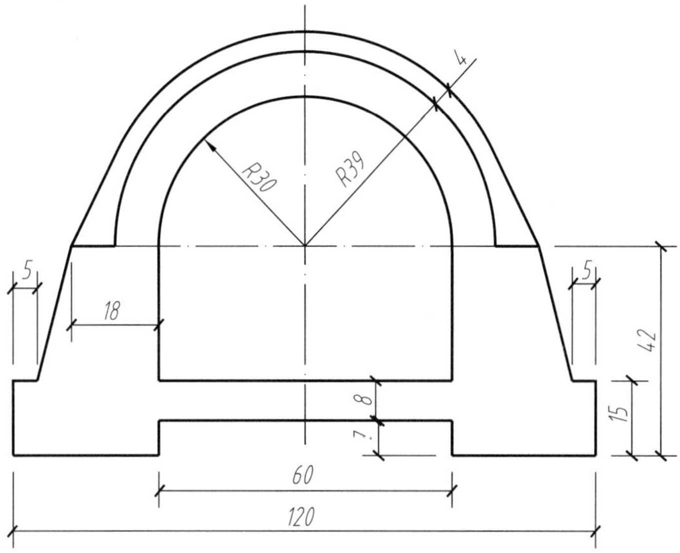

图 2-7

2.2　绘制建筑形体

习题 2-8　按尺寸完成如图 2-8 所示桥梁护栏立面图和剖面图，不标注尺寸。

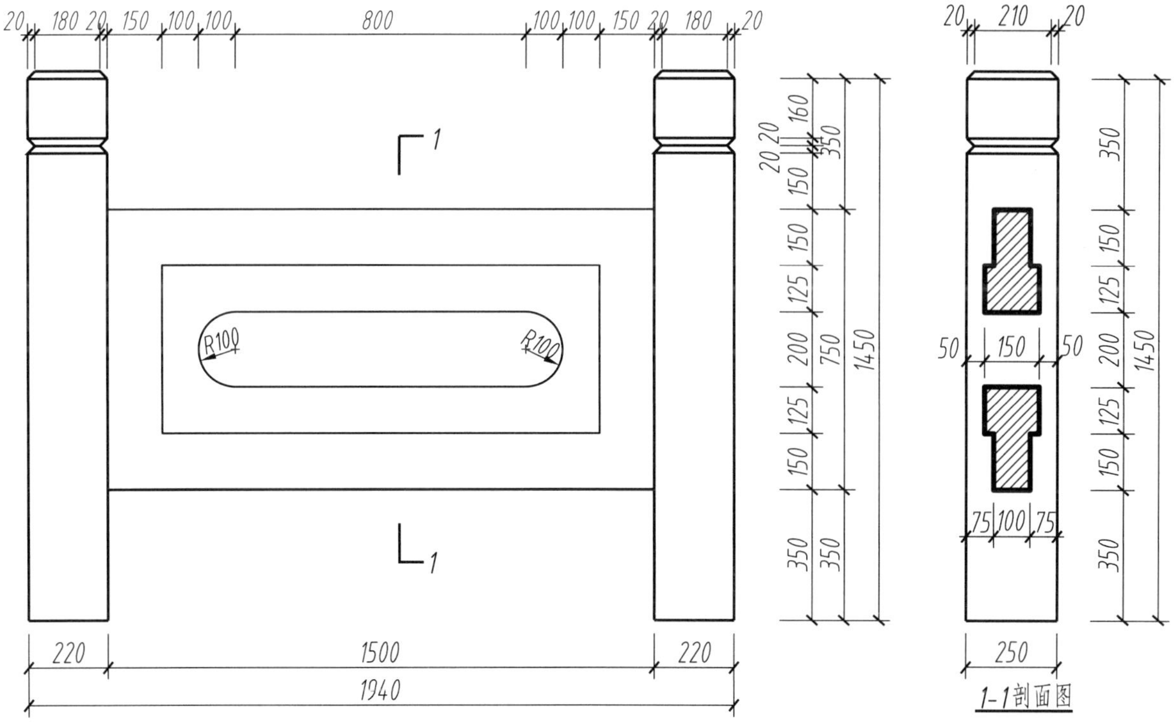

图 2-8

习题 2-9　按比例 1∶50 完成如图 2-9 所示杯形基础三面投影图,不标注尺寸。

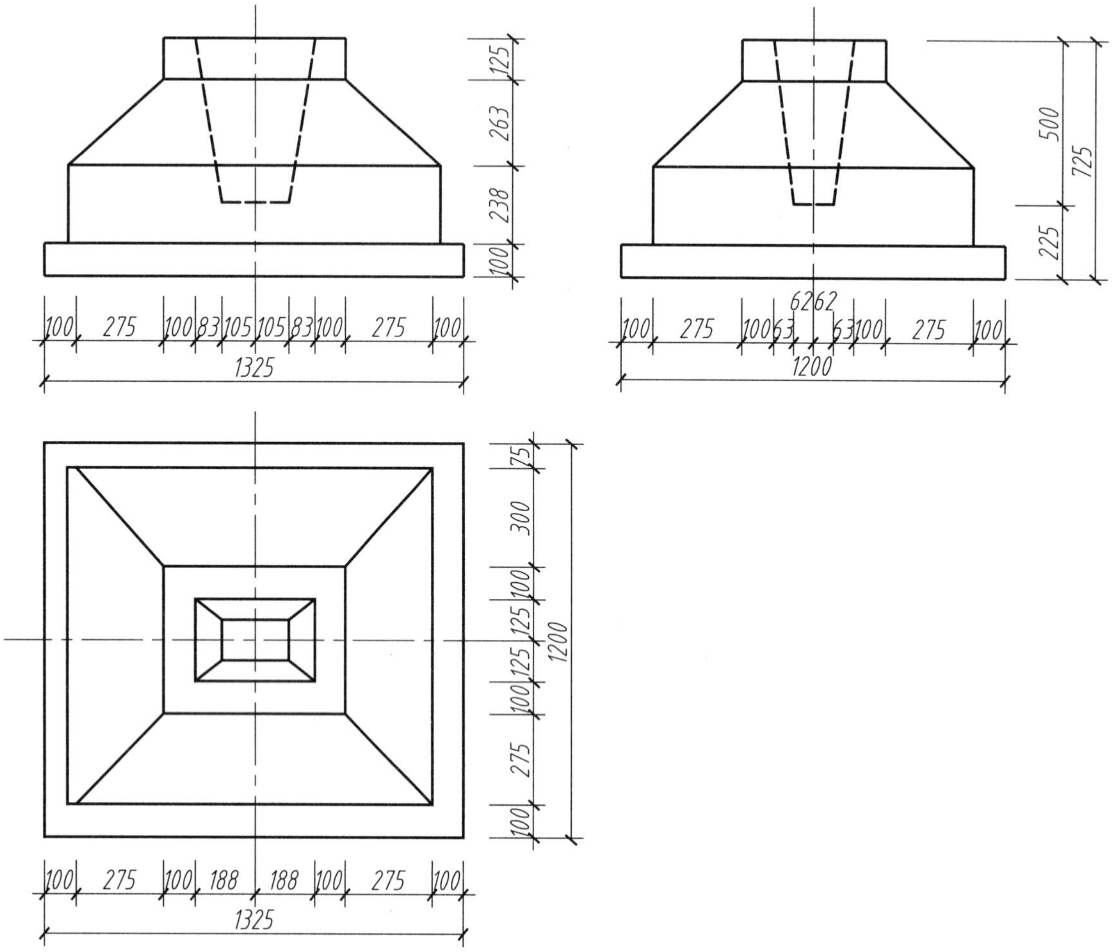

图 2-9

习题 2-10　按尺寸绘制如图 2-10 所示圆拱门投影图,并求画侧面投影图,不标注尺寸。

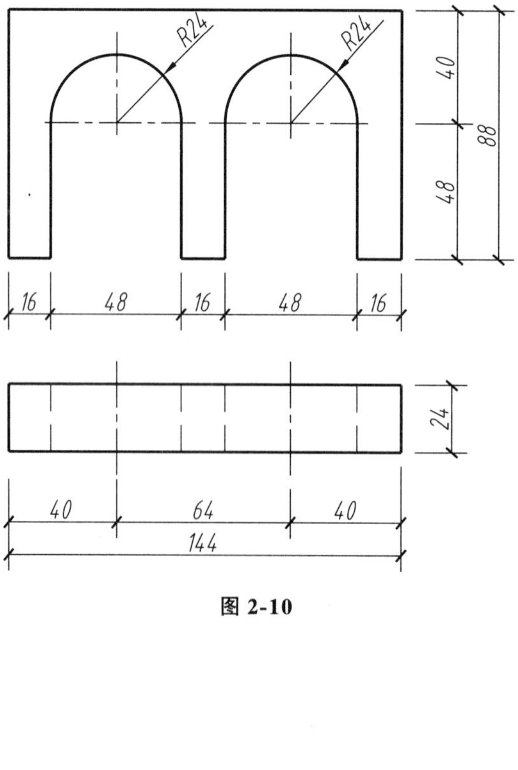

图 2-10

习题 2-11　按尺寸绘制如图 2-11 所示建筑入口的投影图,并求画侧面投影图,不标注尺寸。

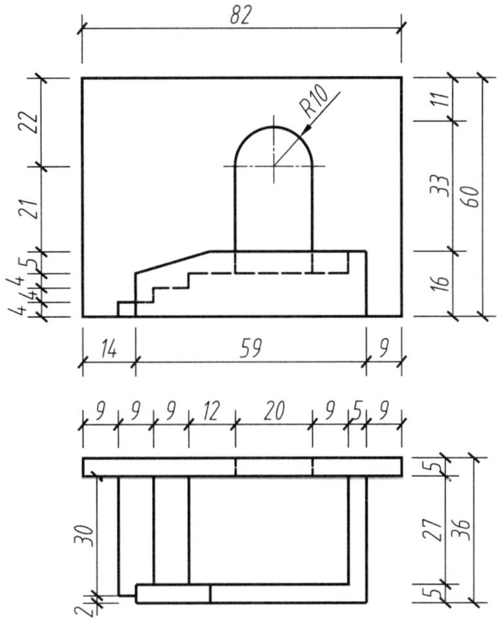

图 2-11

习题 2-12　按尺寸绘制如图 2-12 所示建筑入口的投影图和 1-1 剖面图,并求画 2-2 剖面图,不标注尺寸。

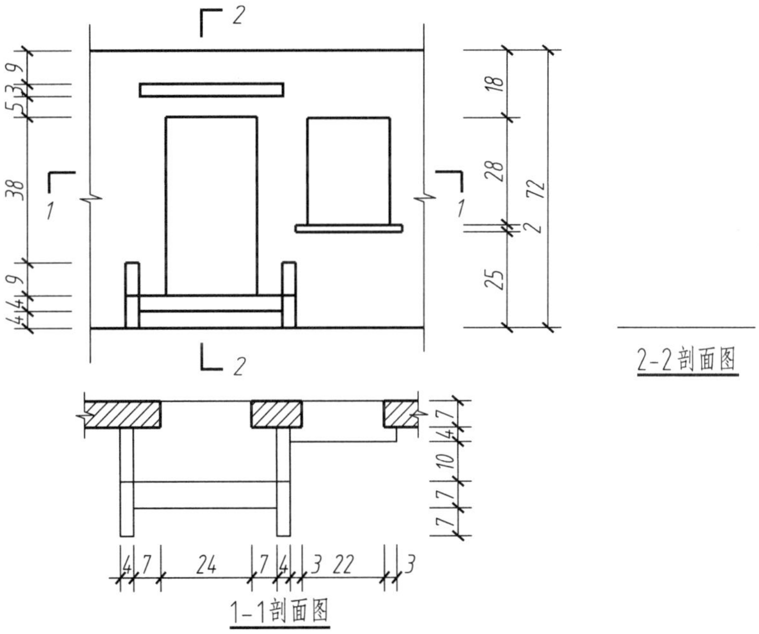

图 2-12

习题 2-13 按如图 2-13 所示尺寸及比例完成基础断面图的绘制，并标注尺寸。

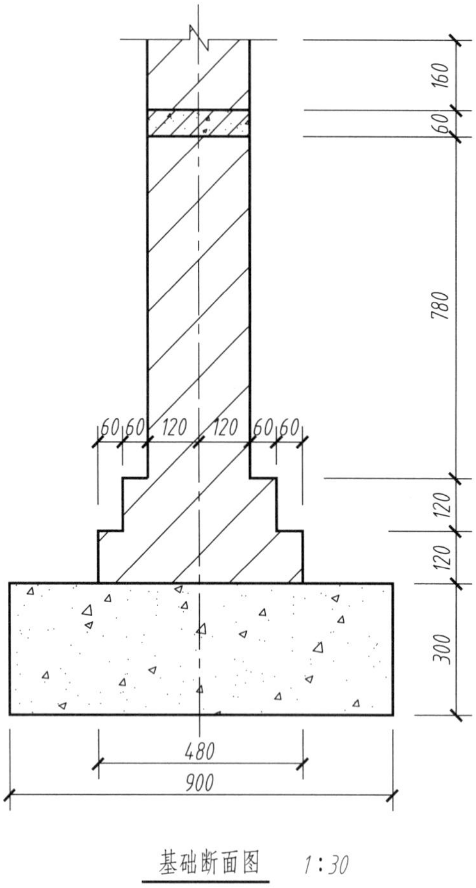

图 2-13

习题 2-14 按比例 1∶50 完成如图 2-14 所示景窗的两面投影图及 1-1 剖面图，填充材料为普通砖，并标注尺寸。

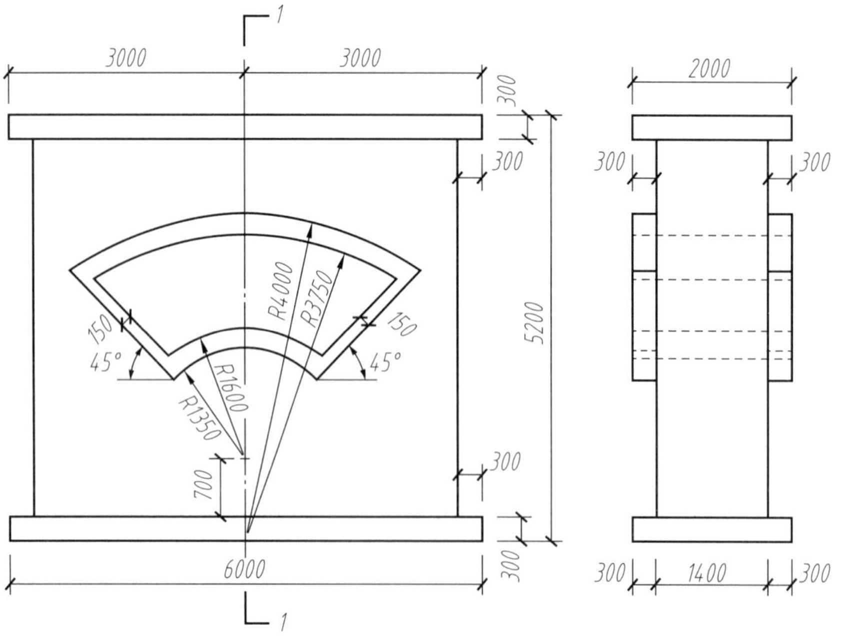

图 2-14

习题 2-15 按尺寸绘制如图 2-15 所示公园凉亭的投影图,并求画 1-1 剖面图,并标注尺寸。

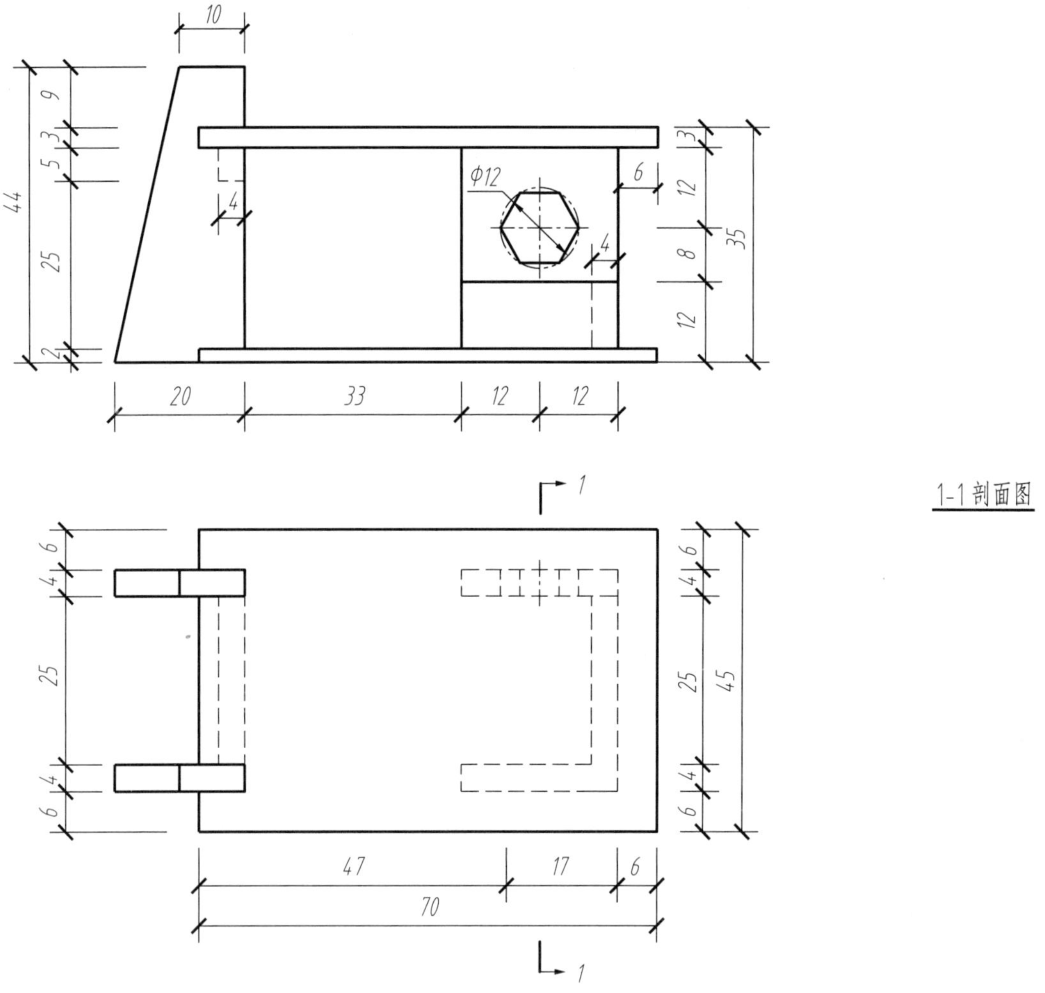

图 2-15

习题 2-16 按尺寸绘制如图 2-16 所示楼梯局部剖视图，并标注尺寸及标高。

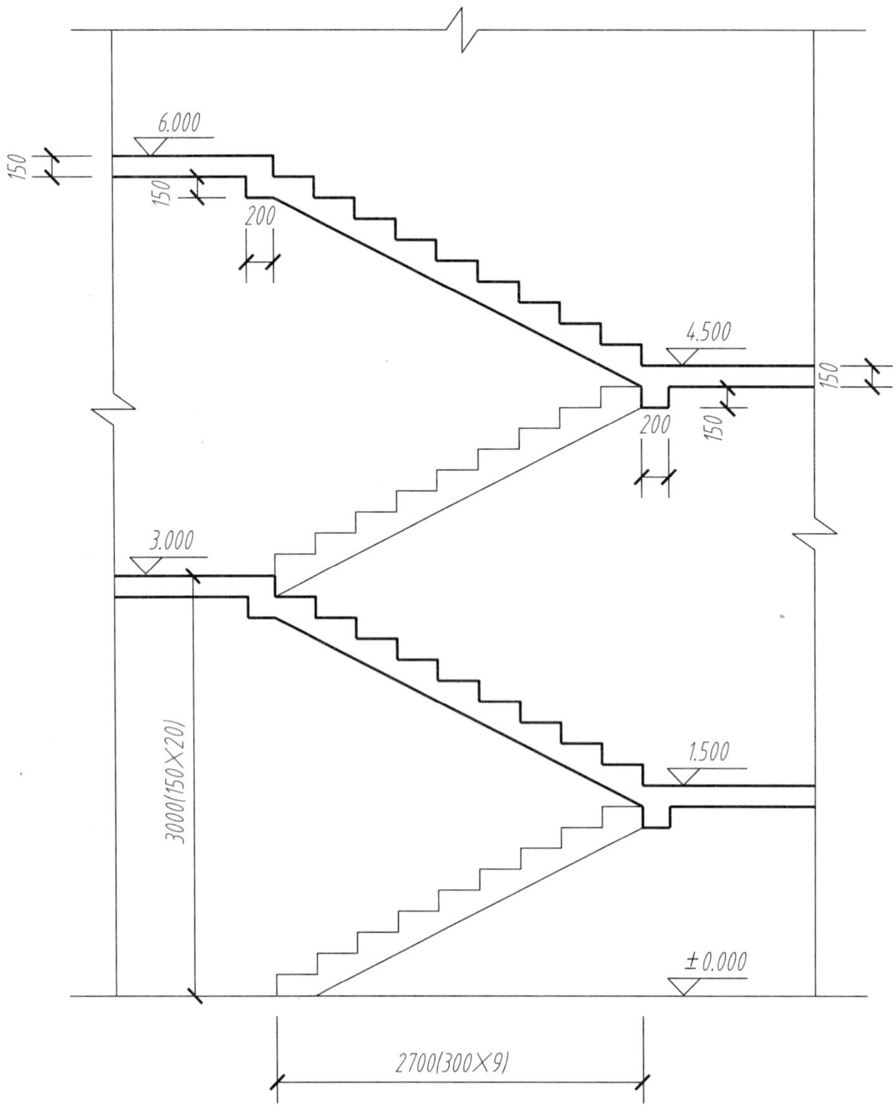

图 2-16

习题 2-17　将图 2-4 和图 2-5 绘制的门窗创建为图块，完成如图 2-17 所示立面图的绘制(不标注尺寸)。

图 2-17

习题 2-18 按尺寸绘制如图 2-18 所示房屋模型的三面投影图，并标注尺寸。

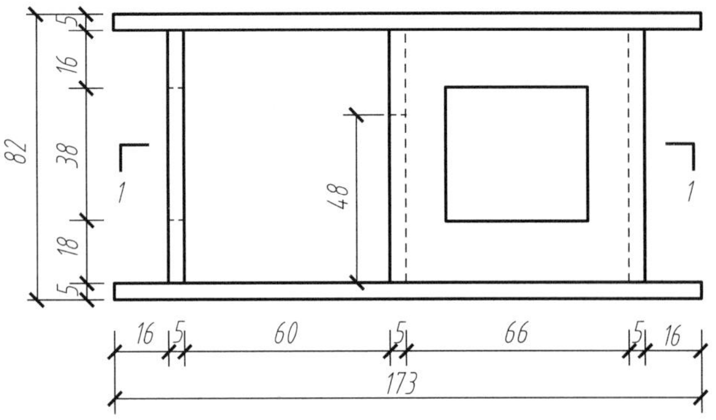

正立面图

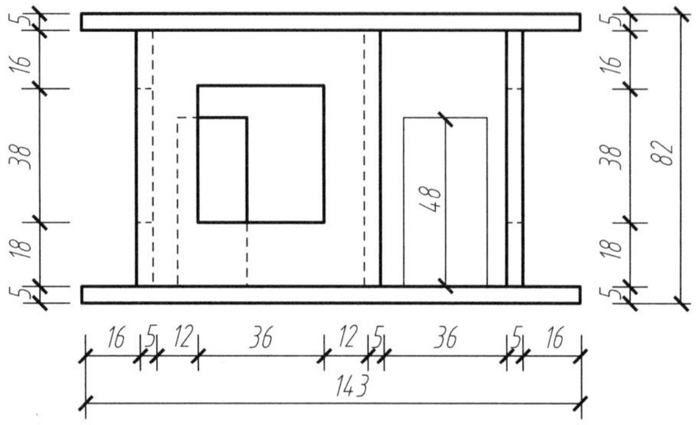

左侧立面图

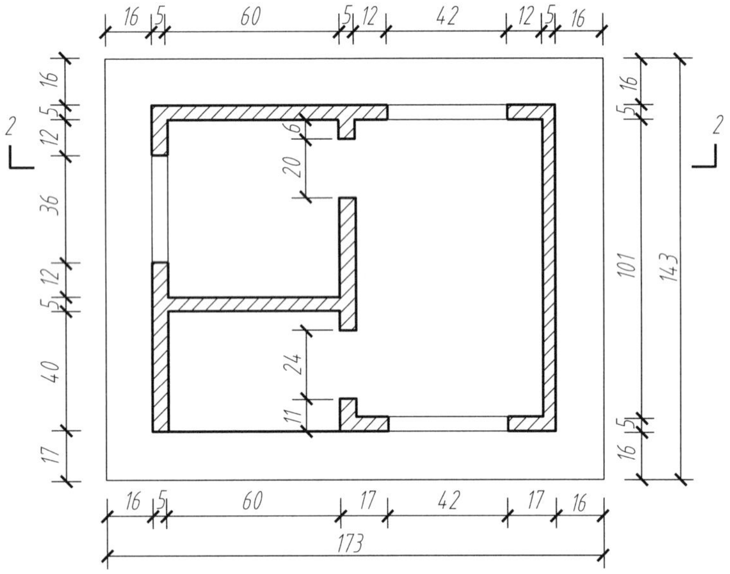

1-1剖面图

图 2-18

2.3　绘制施工图

习题 2-19　图 2-19 至图 2-23 所示为某传达室建筑施工图。请在 A3 图纸上完成建筑平、立、剖面图的绘制，比例为 1∶100。

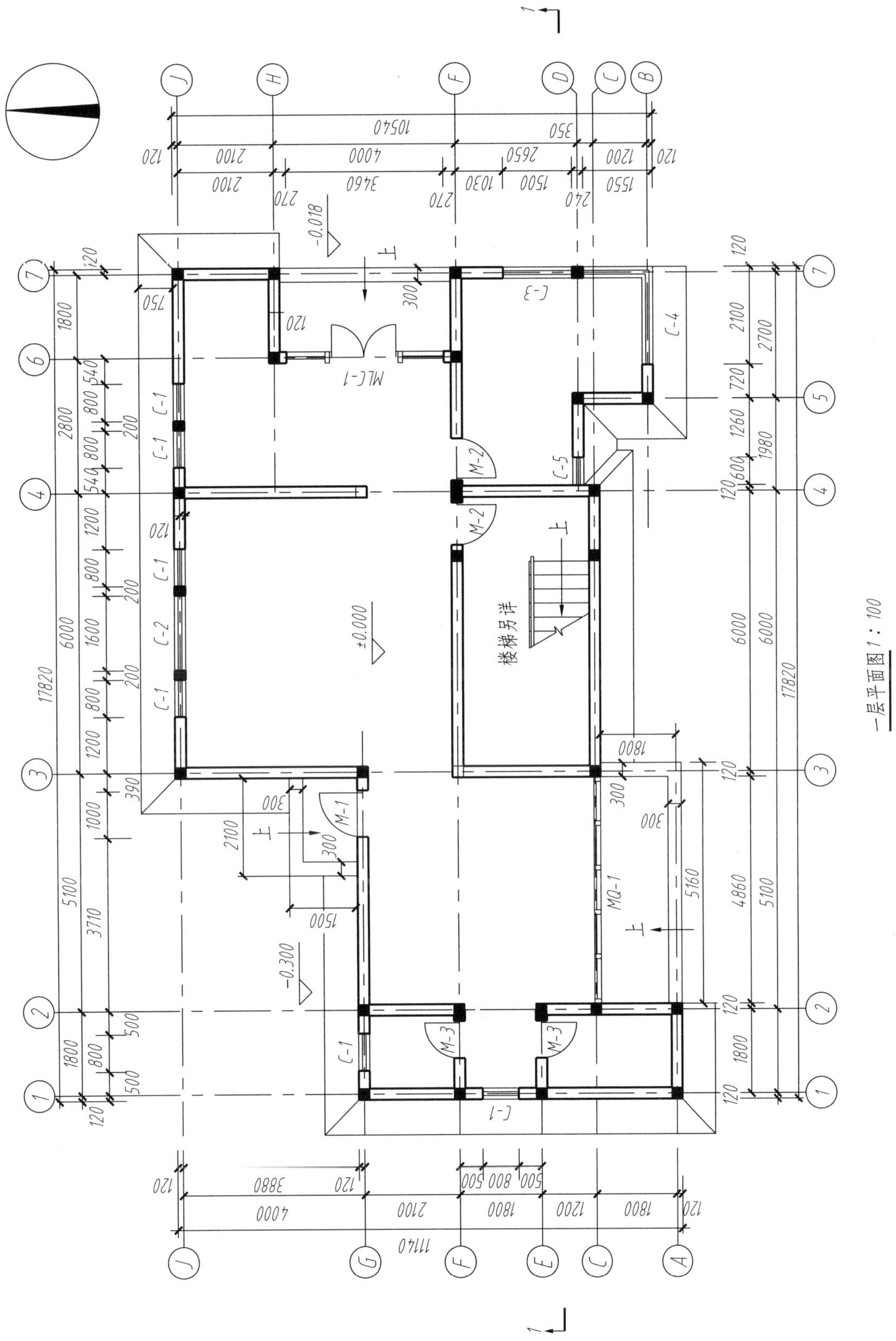

图 2-19　一层平面图

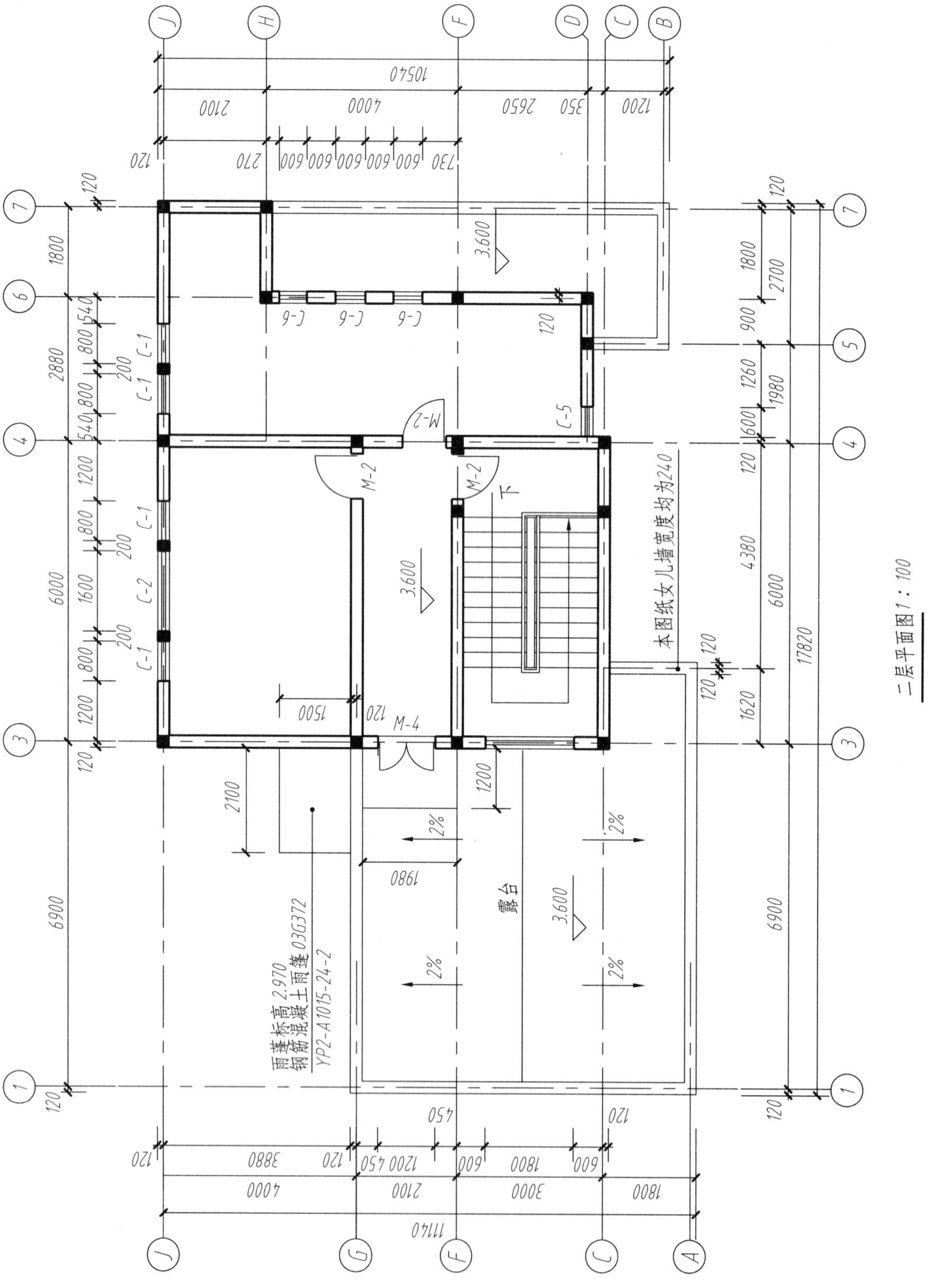
二层平面图 1 : 100
本图纸女儿墙宽度均为240
露台
雨蓬标高 2.970
钢筋混凝土雨篷 03G372
YP2-A1015-24-2

图 2-20 二层平面图

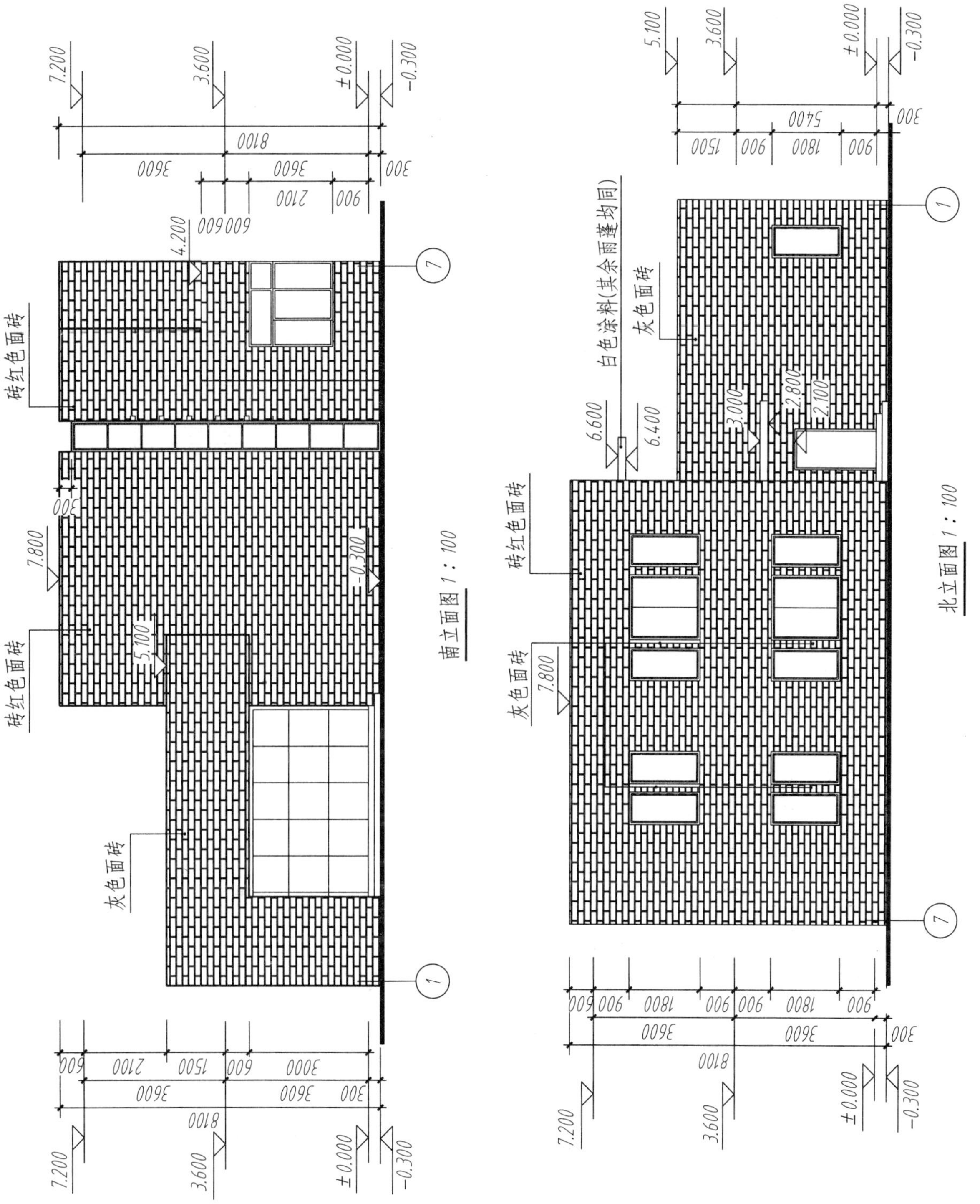

图 2-21　南立面图和北立面图

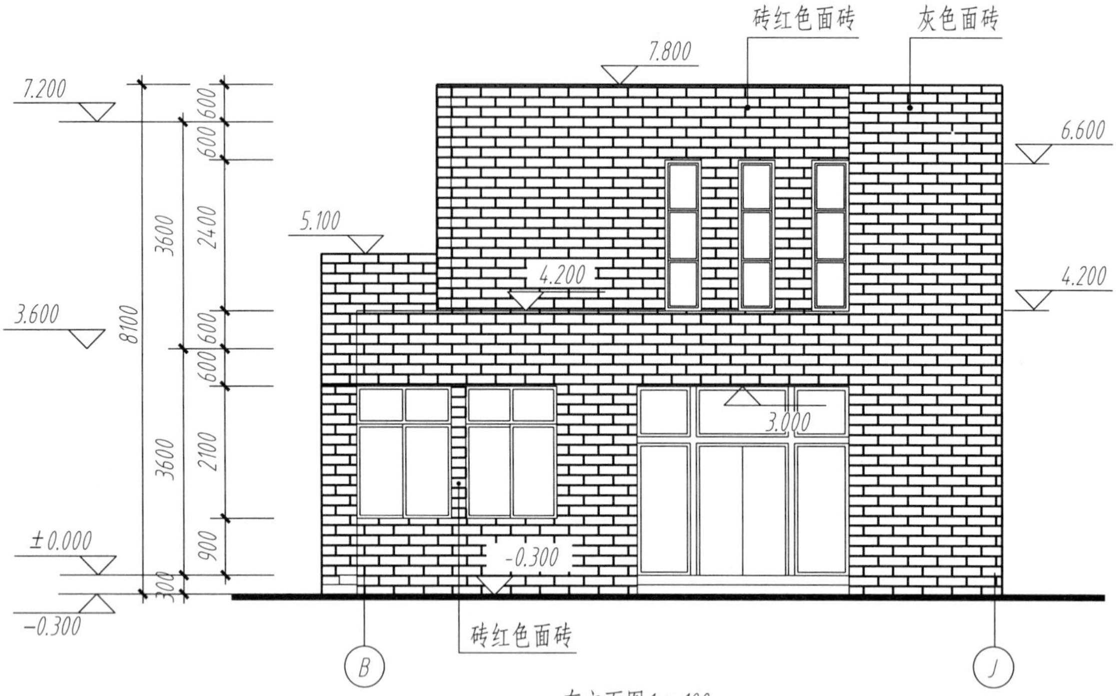

东立面图1：100

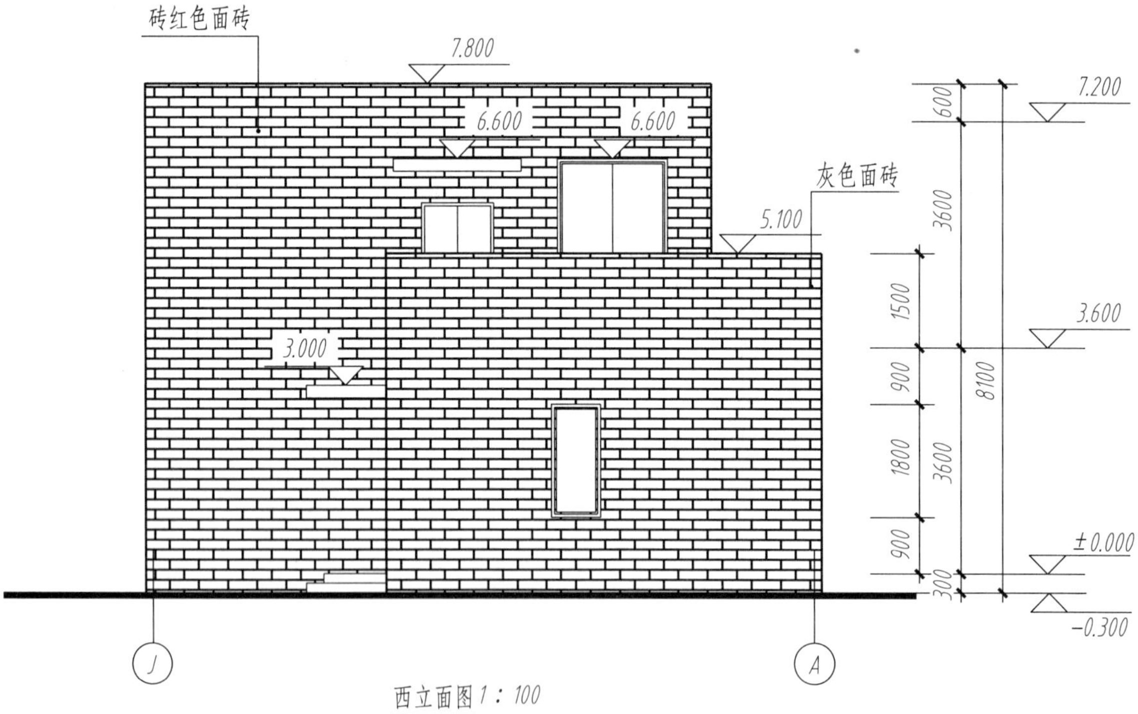

西立面图1：100

图 2-22 东立面图和西立面图

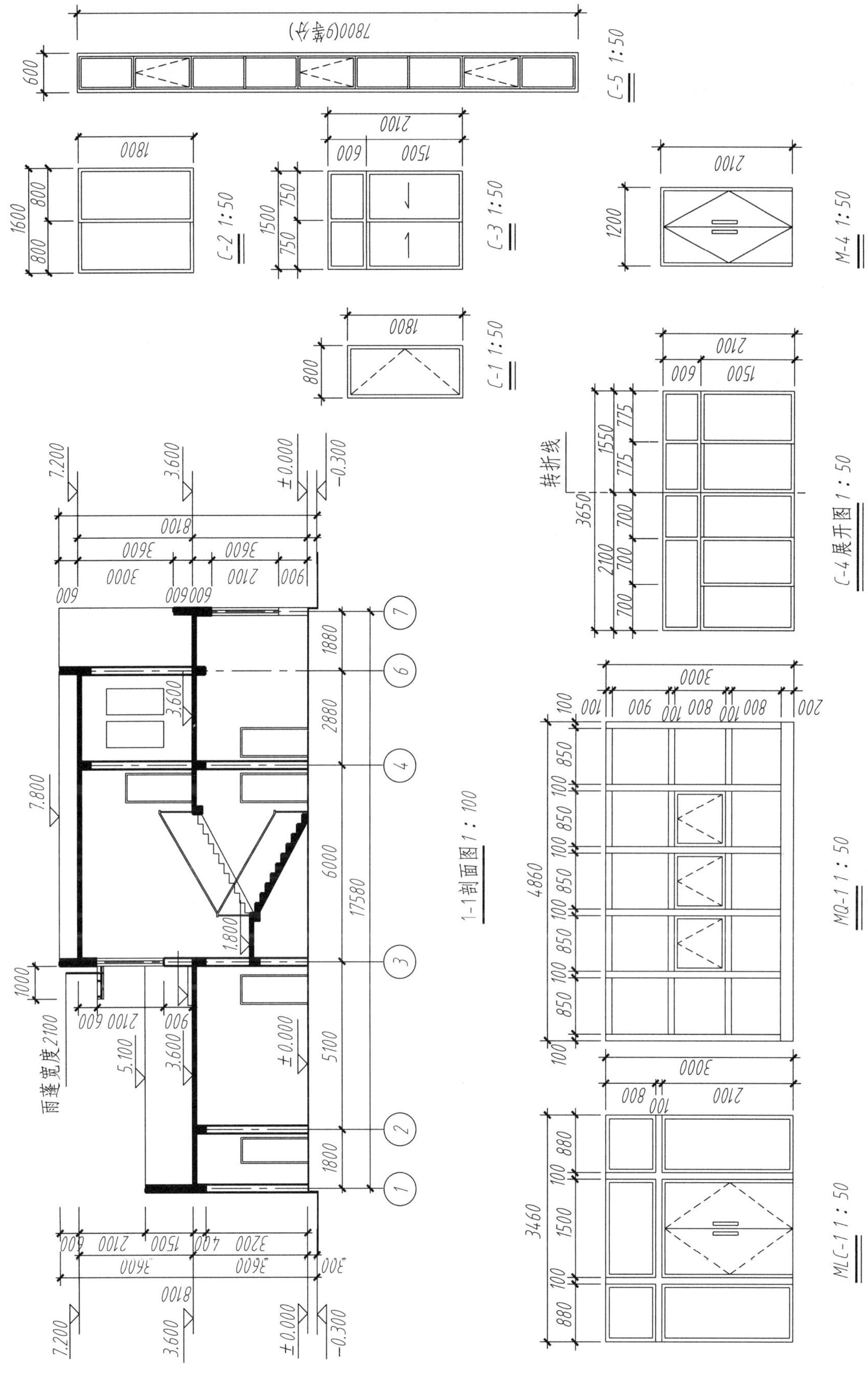

图 2-23　剖面图及门窗详图

第 3 章　考试应用

3.1　机械绘图模拟试卷(一)

考试时间:120 分钟　　　　　　　　　　　　　**满分:100 分**

第一题　运用圆弧连接画法,按尺寸绘制如图 3-1 所示平面图形(不必标注尺寸)。(10 分)

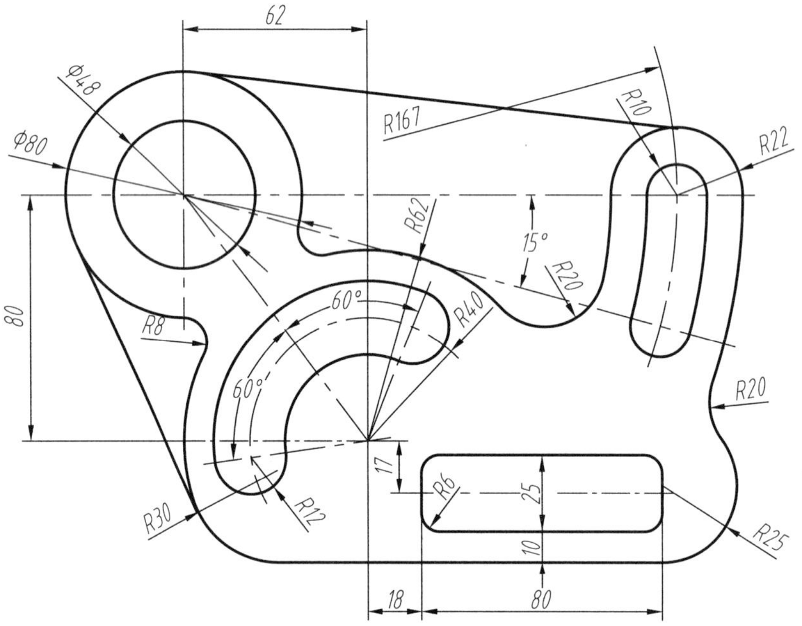

图 3-1

第二题　根据所给形体的正等轴测图,绘制如图 3-2 所示三视图(不必标注尺寸)。(10 分)

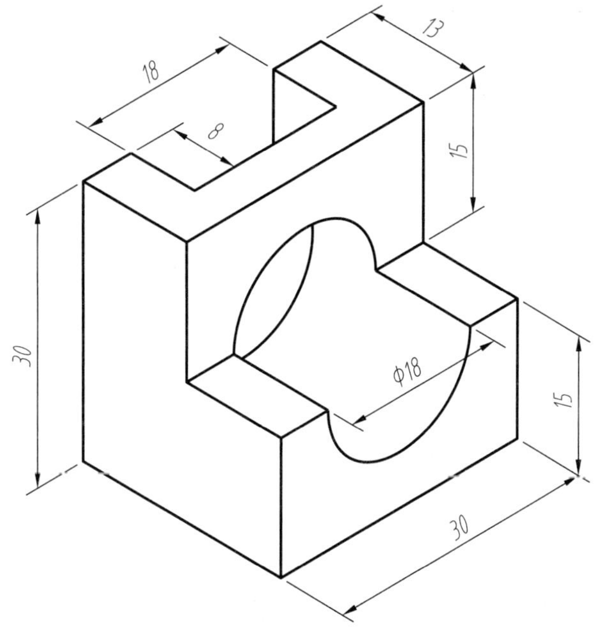

图 3-2

第三题 抄画图 3-3 所给零件图，标注尺寸和技术要求，绘制标题栏。(30 分)

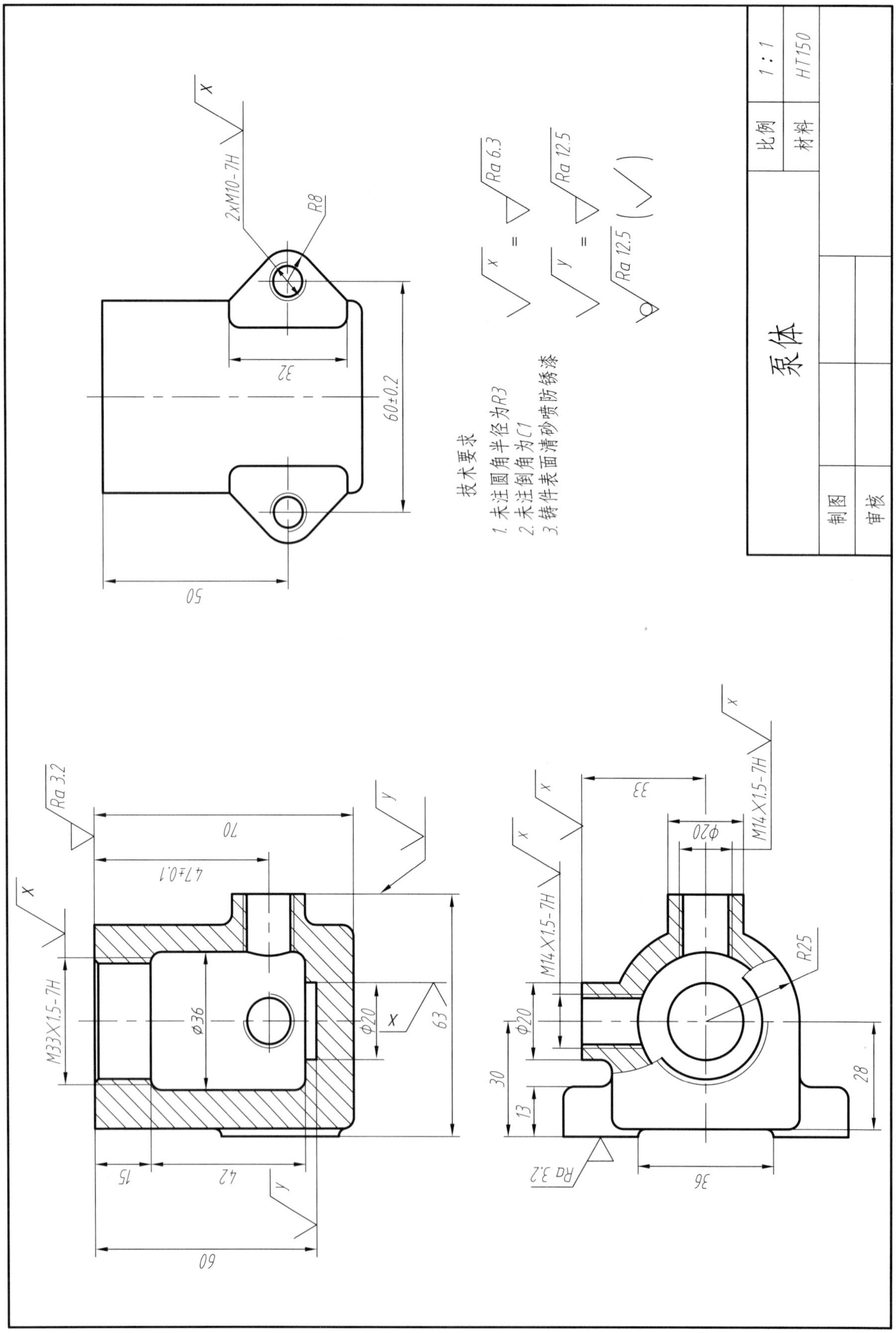

图 3-3

第四题　根据图 3-4(a)~(c)所给资料和图样,绘制如图 3-4(d)所示的千斤顶装配工程图。(50 分)

千斤顶工作原理:千斤顶是顶起重物的一种简单装置。该部件由 5 个零件组成。使用时,只需逆时针方向转动旋转杆 3,起重螺杆 2 就向上移动,并将重物顶起。

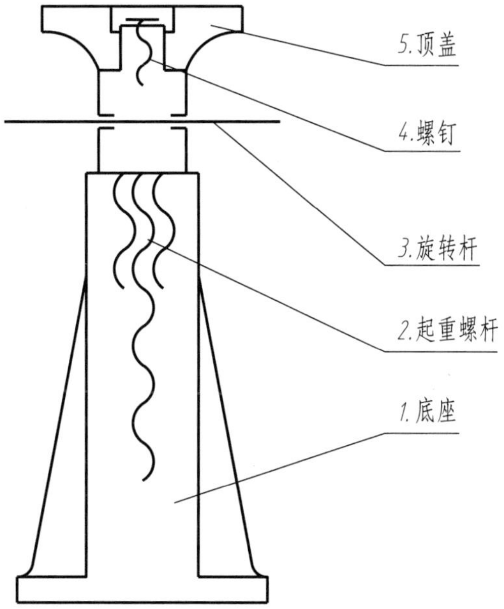

(a)

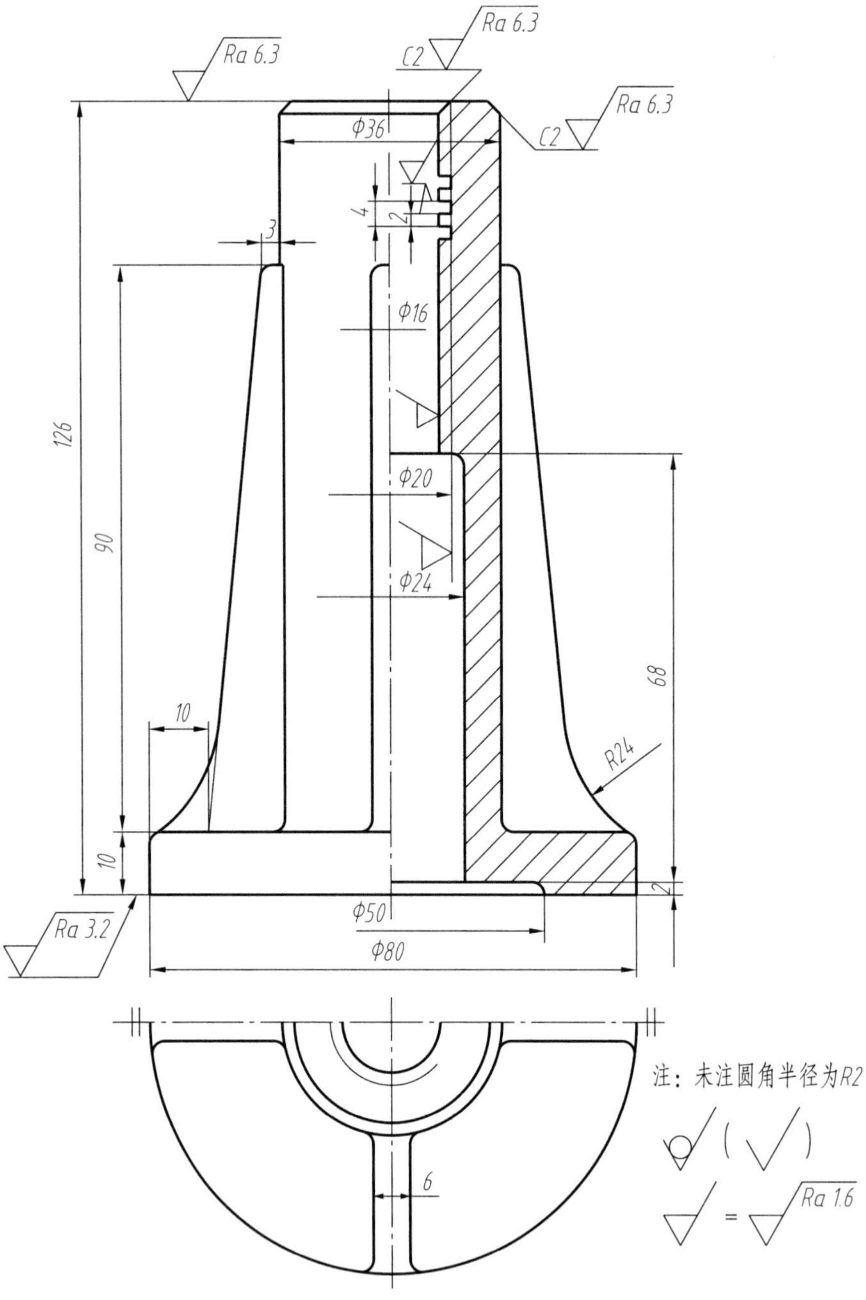

底座	1	HT300
零件名称	数量	材料

（b）

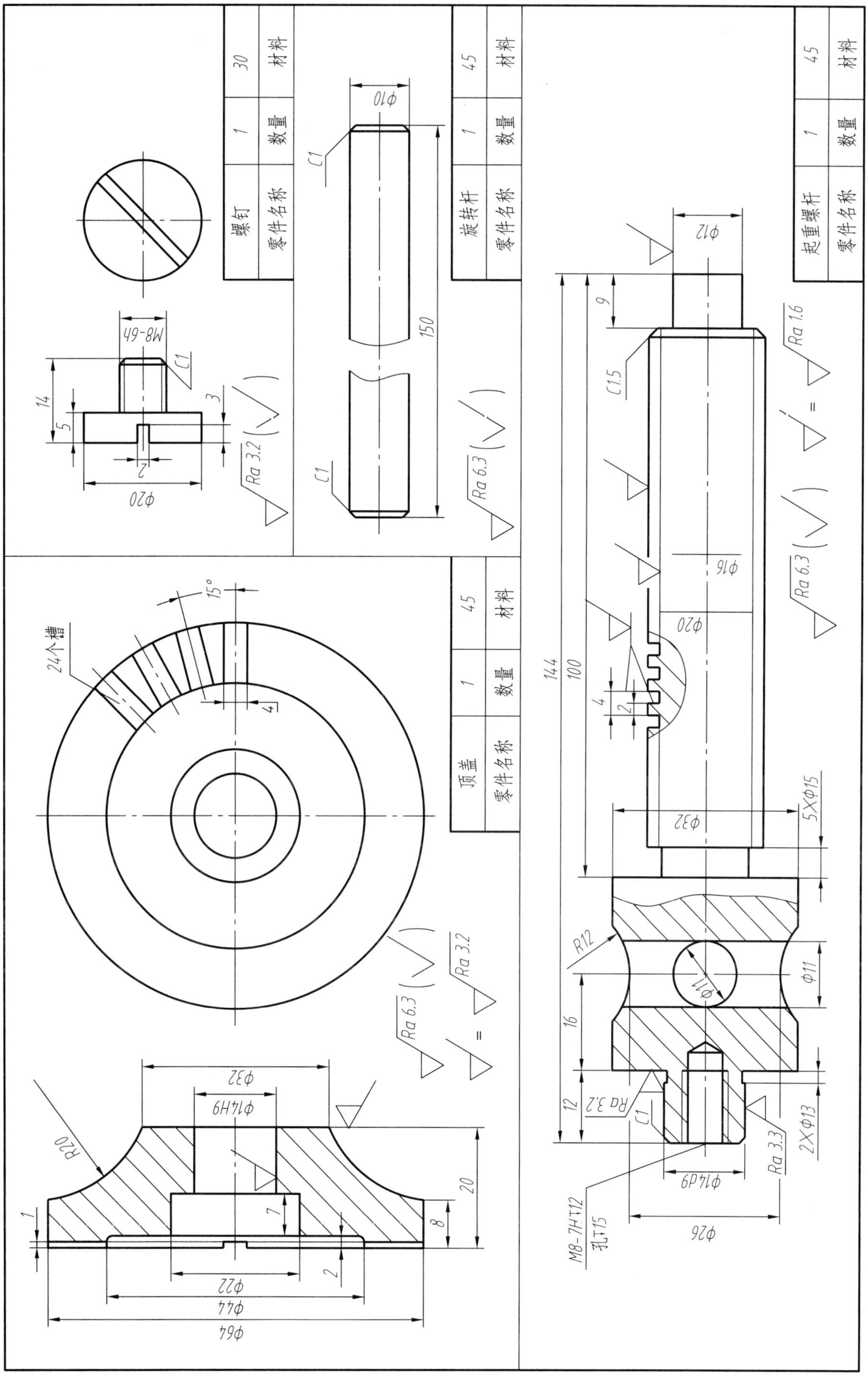
螺钉
零件名称
1
数量
30
材料
旋转杆
零件名称
1
数量
45
材料
顶盖
零件名称
1
数量
45
材料
起重螺杆
零件名称
1
数量
45
材料
24个槽

(c)

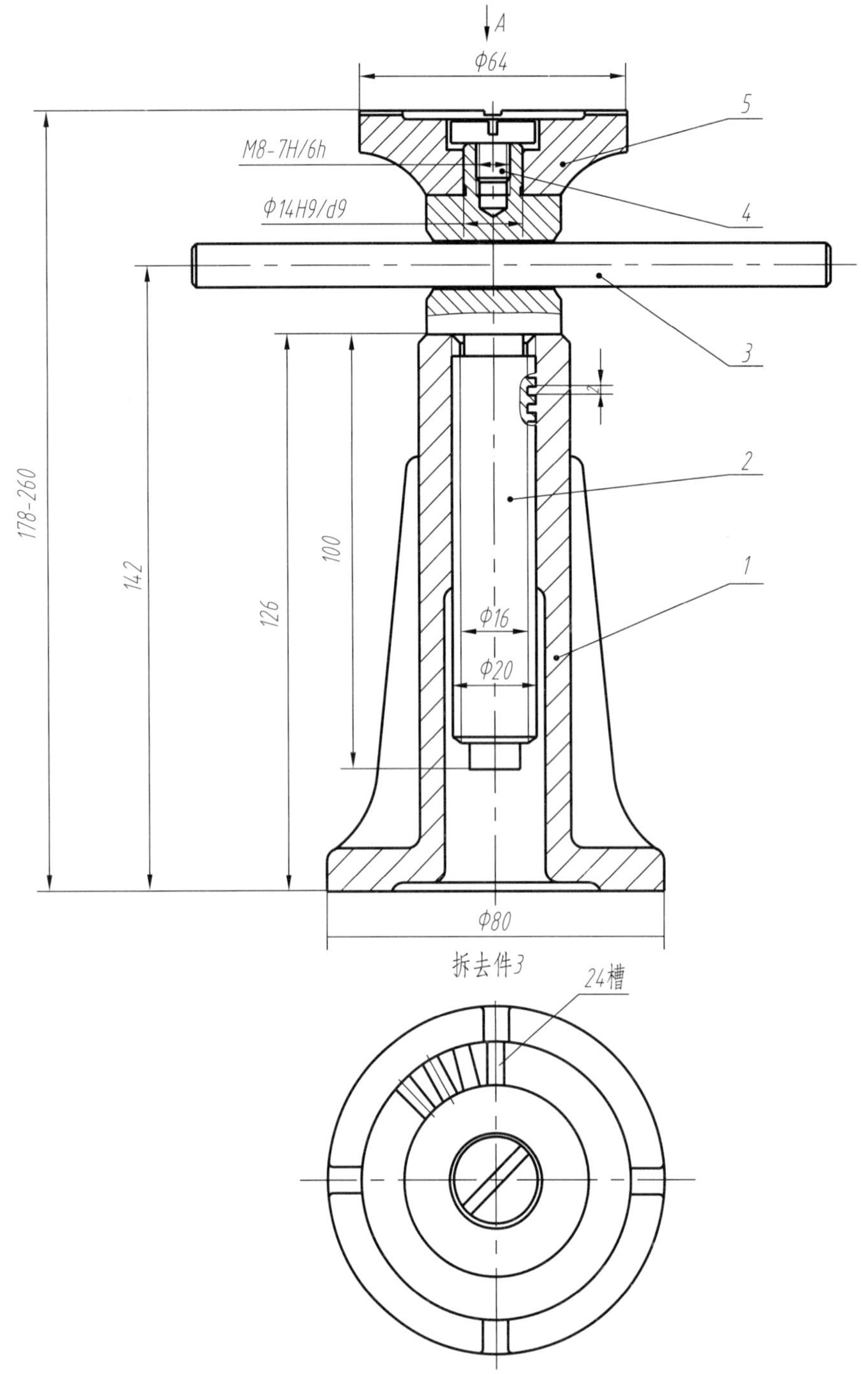

1	底座	1	HT300	
序号	零件名称	数量	材料	备注
5	顶盖	1	45	
4	螺钉	1	30	
3	螺旋杆	1	45	
2	起重螺杆	1	45	

千斤顶		比例	1：1
		图号	
制图			
审核			

（d）

图 3-4

3.2 机械绘图模拟试卷(二)

考试时间:120分钟 **满分:100分**

第一题 运用圆弧连接画法,按尺寸绘制如图3-5所示平面图形(不必标注尺寸)。(10分)

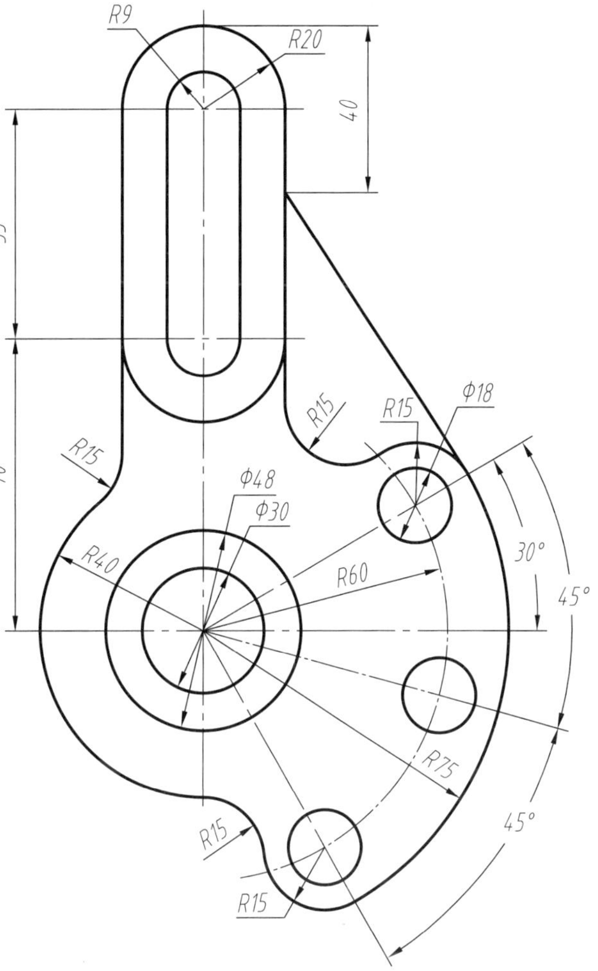

图 3-5

第二题 根据如图 3-6 所示形体的正等轴测图,绘制三视图(不必标注尺寸)。(10 分)

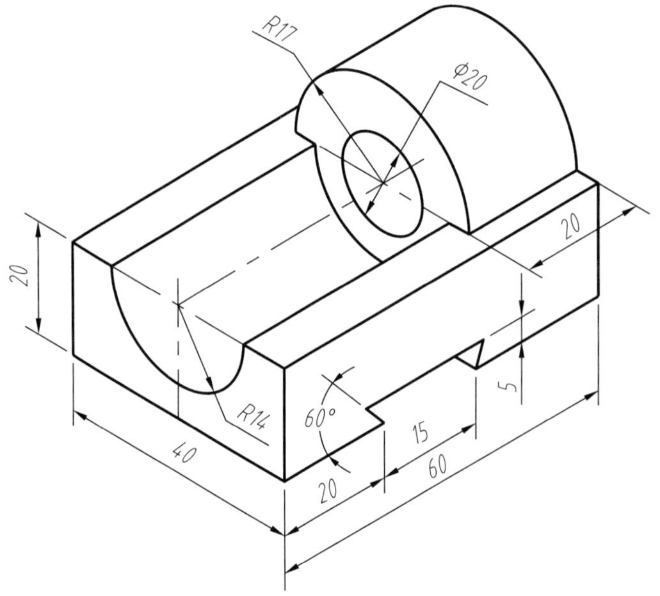

图 3-6

第三题　抄画如图 3-7 所示零件图，标注尺寸和技术要求，绘制标题栏。(20 分)

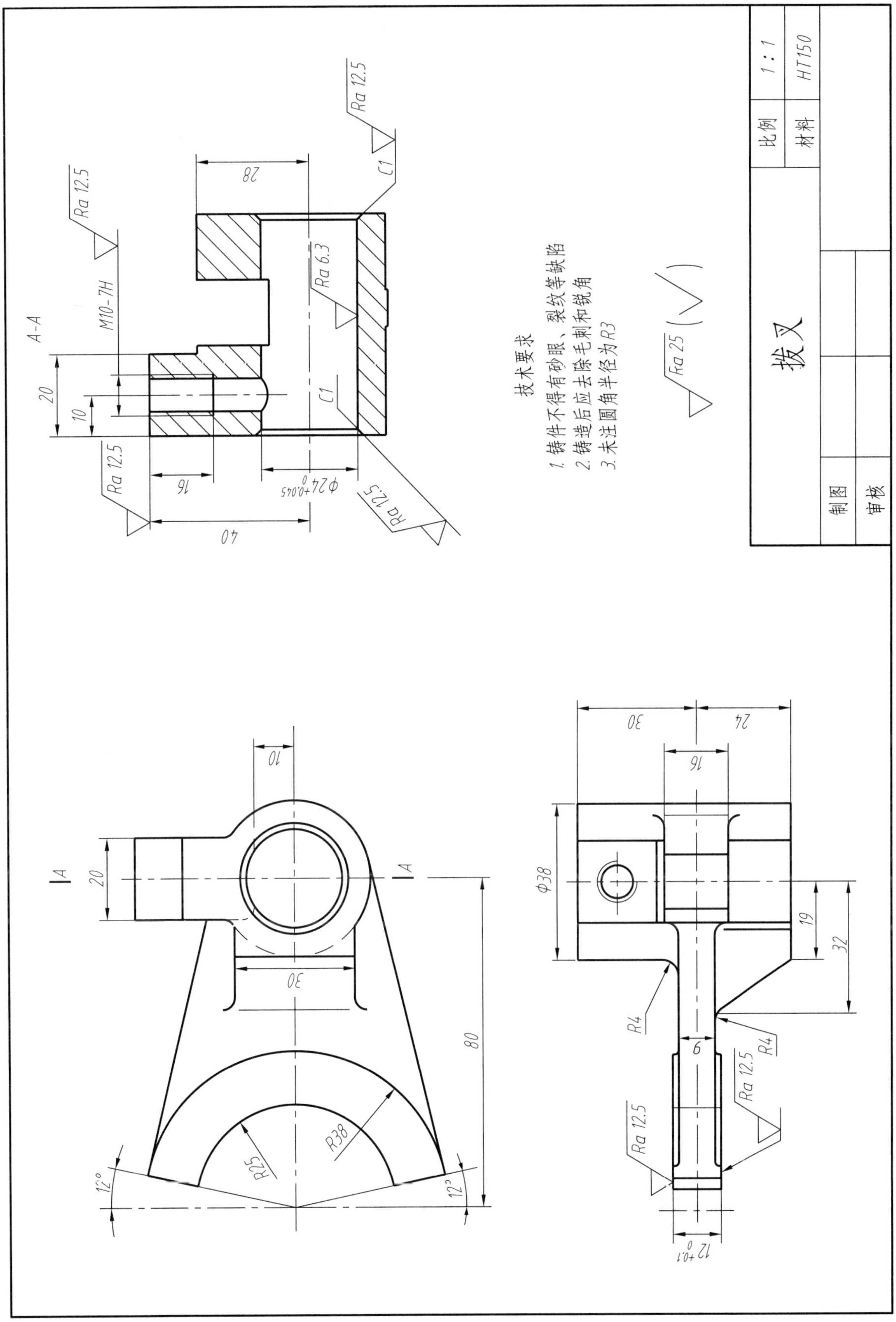

图 3-7

第四题 根据如图 3-8(a)所示资料和图样,绘制如图 3-8(b)所示的手动气阀装配工程图。(50 分)

手动气阀工作原理:手动气阀是汽车上用的一种压缩空气开关机构。当通过手柄球 1 和心杆 2 将气阀杆 6 拉到最上位置时[如图 3-8(b)所示],储气筒与工作气缸接通,当气阀杆推到最下位置时,工作气缸与储气筒的通道被关闭,此时工作气缸通过气阀杆中心的孔道与大气接通,气阀杆与阀体 4 的孔是间隙配合,装有 O 型密封圈 5 以防止压缩空气泄漏,螺母 3 是固定手动气阀位置用的。

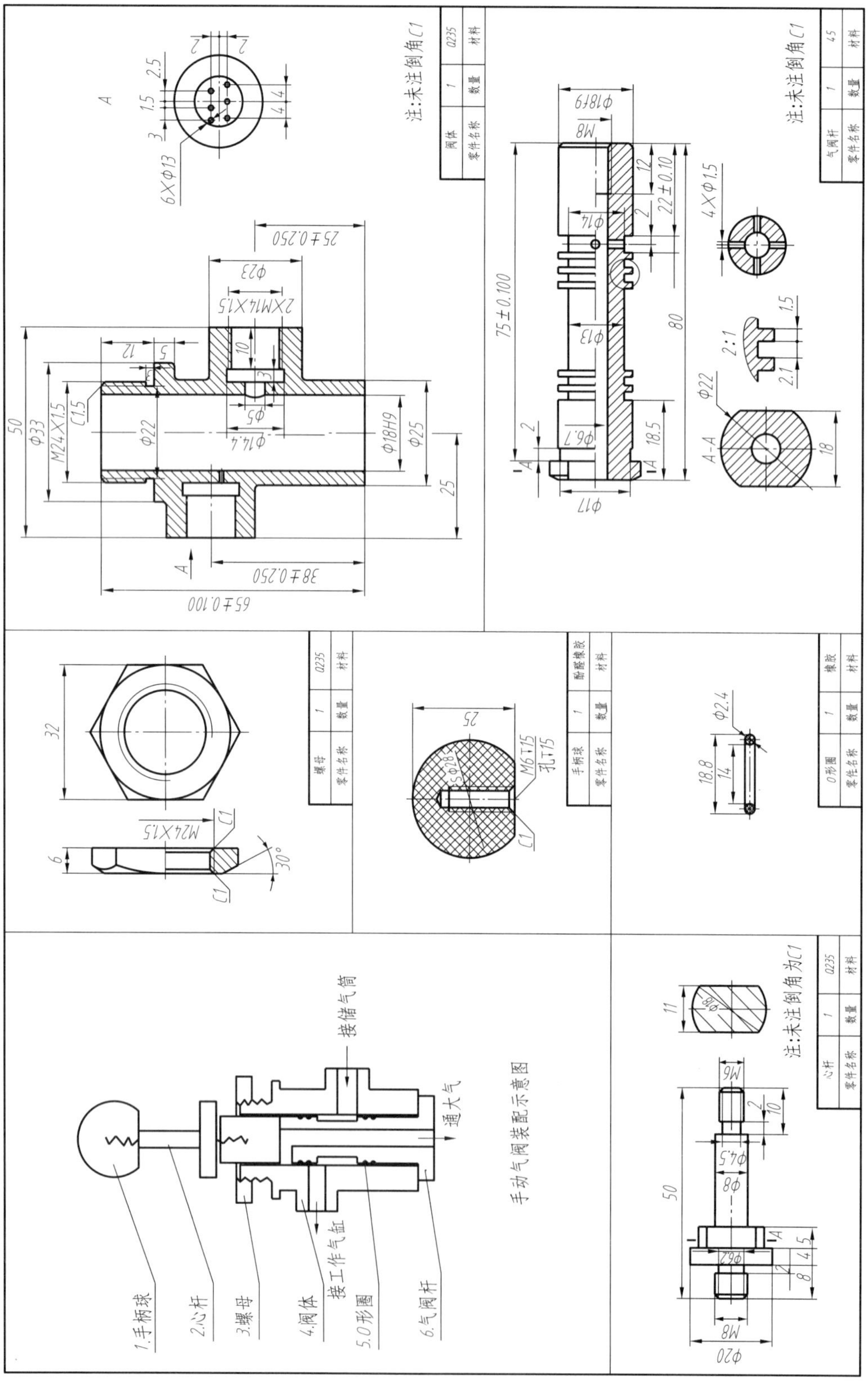

(a)

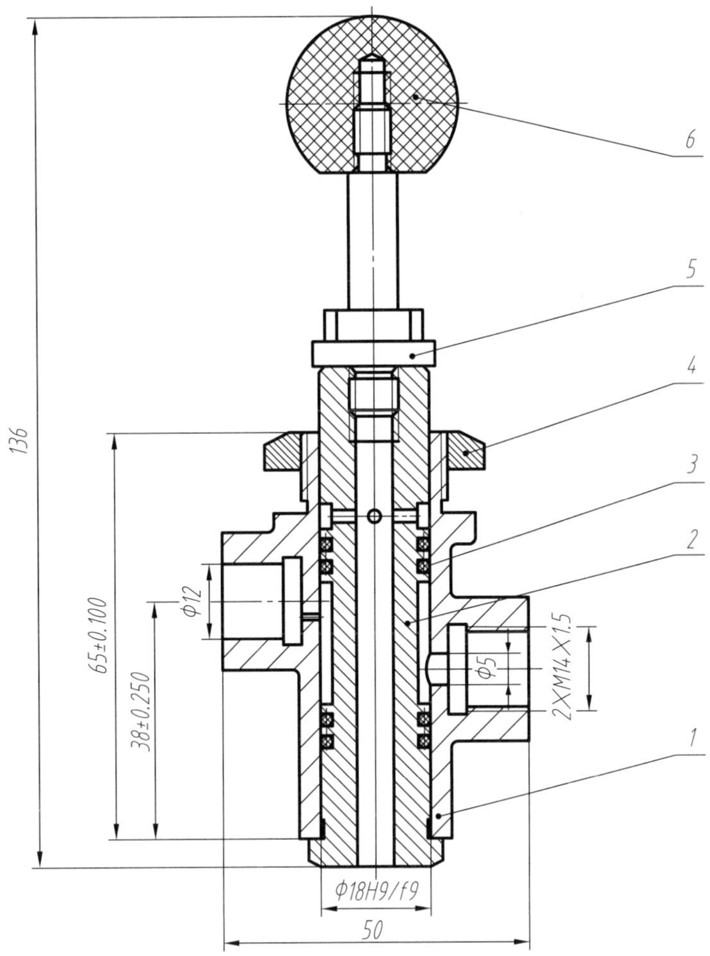

序号	零件号	数量	材料	备注
6	手柄球	1	酚醛橡胶	
5	心杆	1	Q235	
4	螺母	1	Q235	
3	O型圈	4	橡胶	
2	气阀杆	1	45	
1	阀体	1	Q235	

手动气阀	比例	
	图号	
制图		
审核		

（b）

图 3-8

3.3 建筑绘图模拟试卷(一)

考试时间:120 分钟 **满分:100 分**

第一题 单选题(10 分)。

1. 图形中的“箭头”一般可使用(　　)命令完成。

A. 直线　　B. 构造线　　C. 多段线　　D. 射线

2. 要标注图中倾斜方向线段的长度,应使用的尺寸标注方式是(　　)。

A. 线性　　B. 对齐　　C. 坐标　　D. 角度

3. 已知楼梯梯段总高及级数,需要应用(　　)命令将楼梯梯段总高进行等分。

A. 定数等分　　B. 定距等分　　C. 定点等分　　D. 都不对

4. 填充命令的快捷键是(　　)。

A. V　　B. RE　　C. T　　D. H

5. 移动圆对象,使其圆心在直线的中点,需要应用(　　)。

A. 正交　　B. 极轴　　C. 对象捕捉　　D. 栅格

第二题 分析平面图形线段及圆弧的连接关系,按尺寸绘制如图 3-9 所示平面图形并标注尺寸(20 分)。

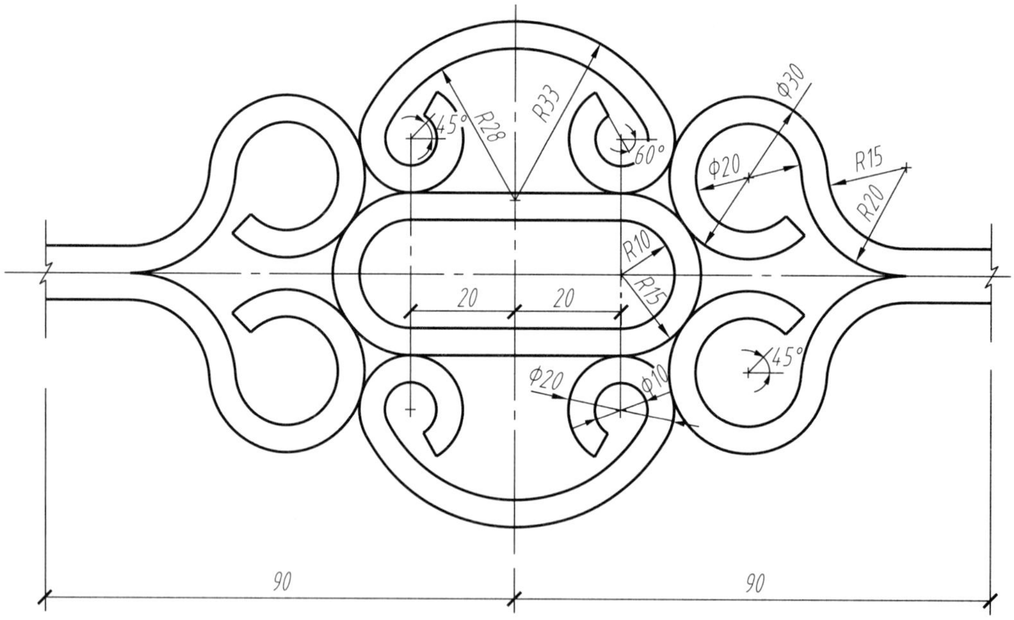

图 3-9

第三题　根据所给形体的正等轴测图，绘制如图 3-10 所示三视图（不标注尺寸）。（15 分）

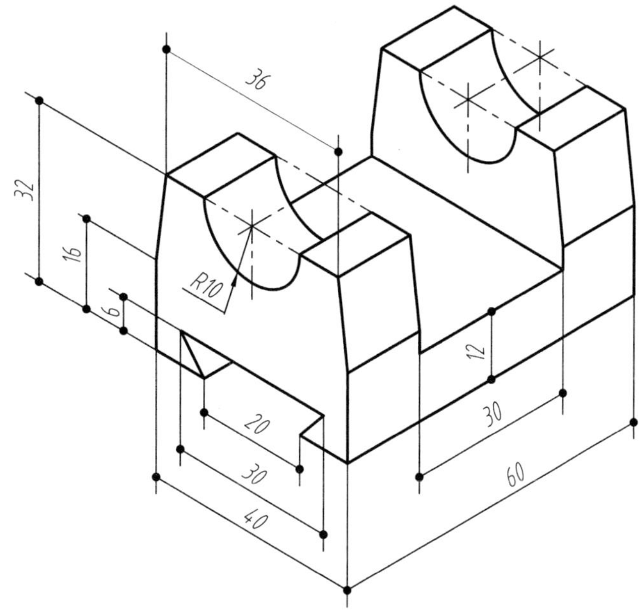

图 3-10

第四题　抄绘如图 3-11 所示房屋模型的两面投影图，并求画 1-1 剖面图（不标注尺寸）。（15 分）

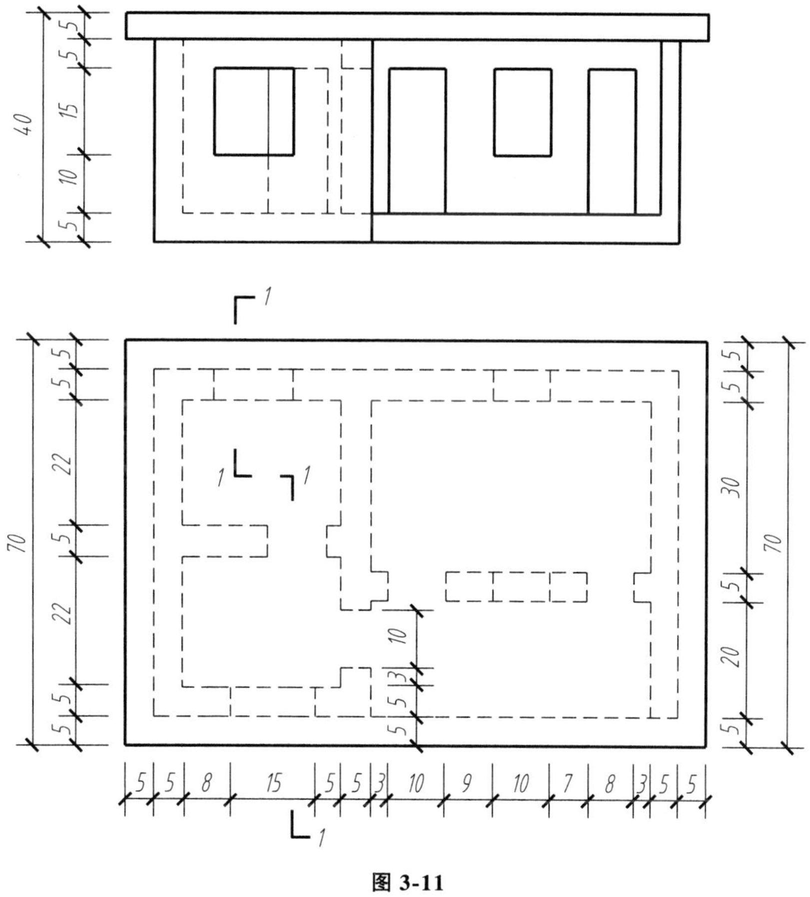

图 3-11

第五题 完成如图3-12和图3-13所示建筑平面图的绘制并标注尺寸。(40分)

要求：1. A3图幅，比例1：100。

2. 应按国家标准绘制图幅、图框、标题栏。图框要留出装订边，标题栏样式见图3-12。

3. 图线、字体、尺寸、图例等应符合国家房屋建筑制图相关标准。

4. 平面图中门用45°开启线表示。

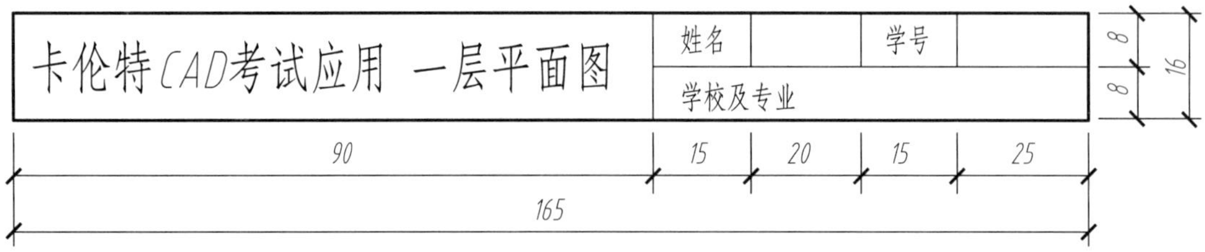

图3-12

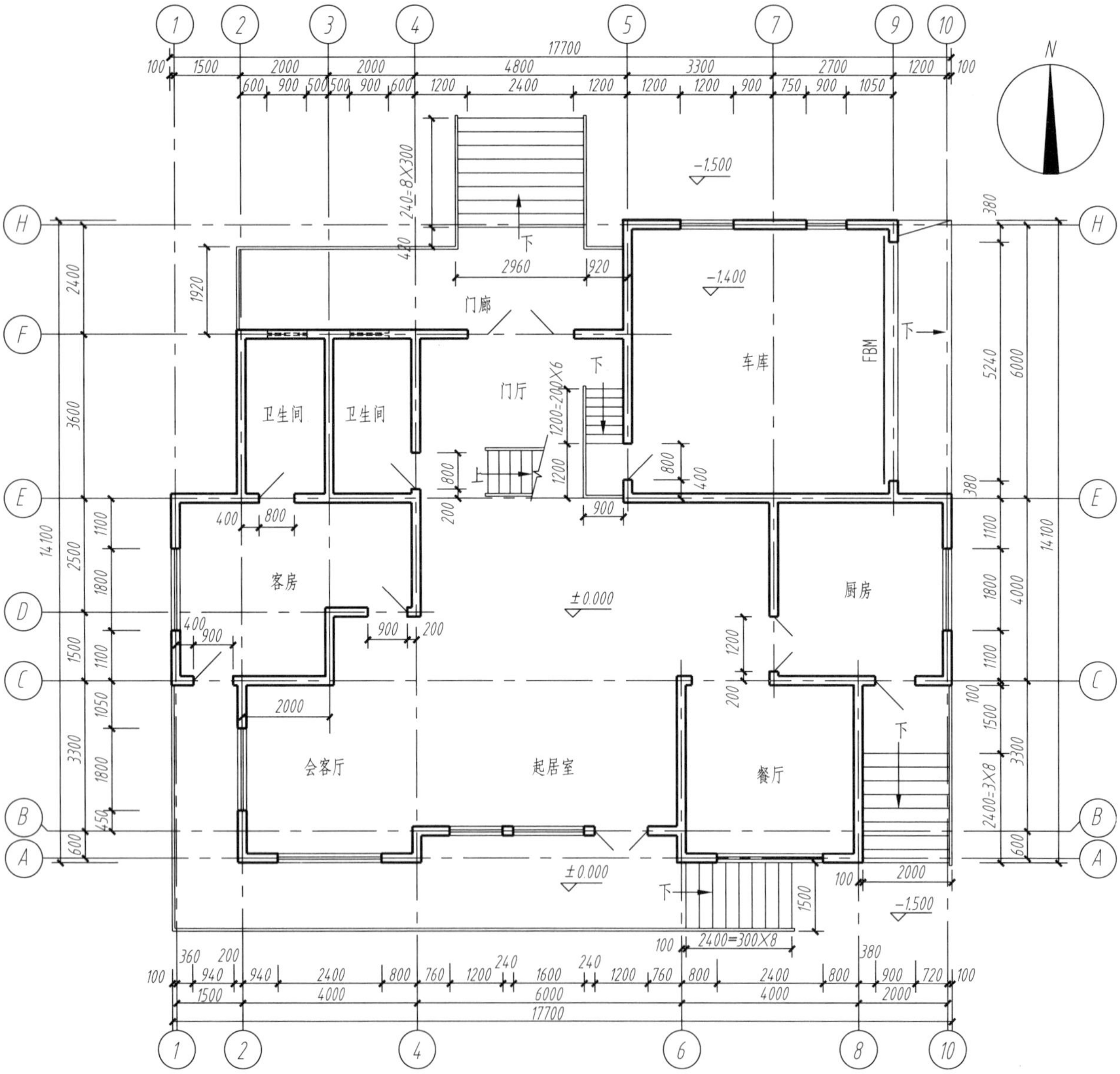

一层平面图 1：100

图3-13

3.4　建筑绘图模拟试卷(二)

考试时间:120 分钟　　　　　　　　　　**满分:100 分**

第一题　单选题。(10 分)

1. 下列(　　)命令可用于绘制直线与圆弧组成的复合对象。

A. 直线　　B. 构造线　　C. 多段线　　D. 射线

2. 下列(　　)命令可用来绘制横平竖直的直线。

A. 正交　　B. 对象捕捉　　C. 栅格　　D. 等轴测草图

3. 块定义必须包括(　　)。

A. 块名、基点、对象　　B. 块名、基点、属性

C. 基点、对象、属性　　D. 块名、基点、对象、属性

4. 下列(　　)命令可以改变对象的长度。

A. MI　　B. CO　　C. O　　D. S

5. 画点画线时,如果所画的点画线显示为直线,则应修改(　　)。

A. 线型　　B. 线宽　　C. 线型比例　　D. 缩放比例

第二题　分析平面图形线段及圆弧的连接关系,按尺寸绘制如图 3-14 所示平面图形并标注尺寸。(20 分)

图 3-14

第三题 根据所给形体的正等轴测图，绘制如图 3-15 所示三视图（不标注尺寸）。（15 分）

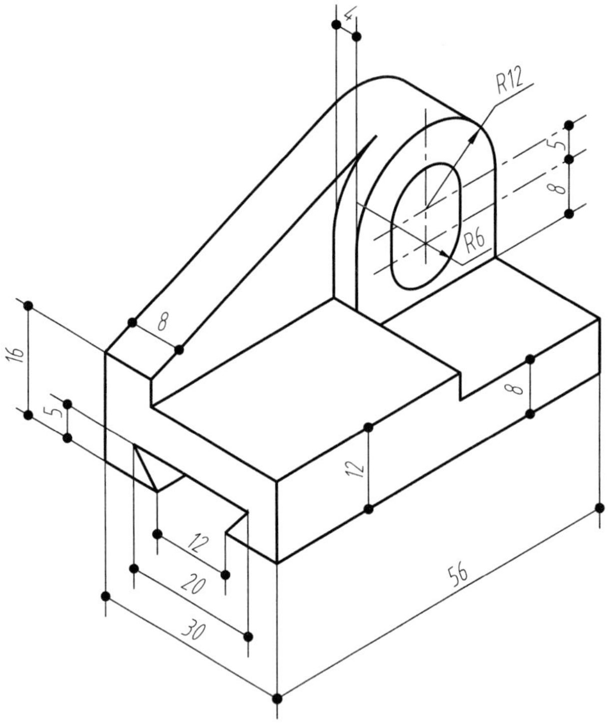

图 3-15

第四题 抄绘如图 3-16 所示房屋模型的两面投影图，并求画 1-1 剖面图（不标注尺寸）。（15 分）

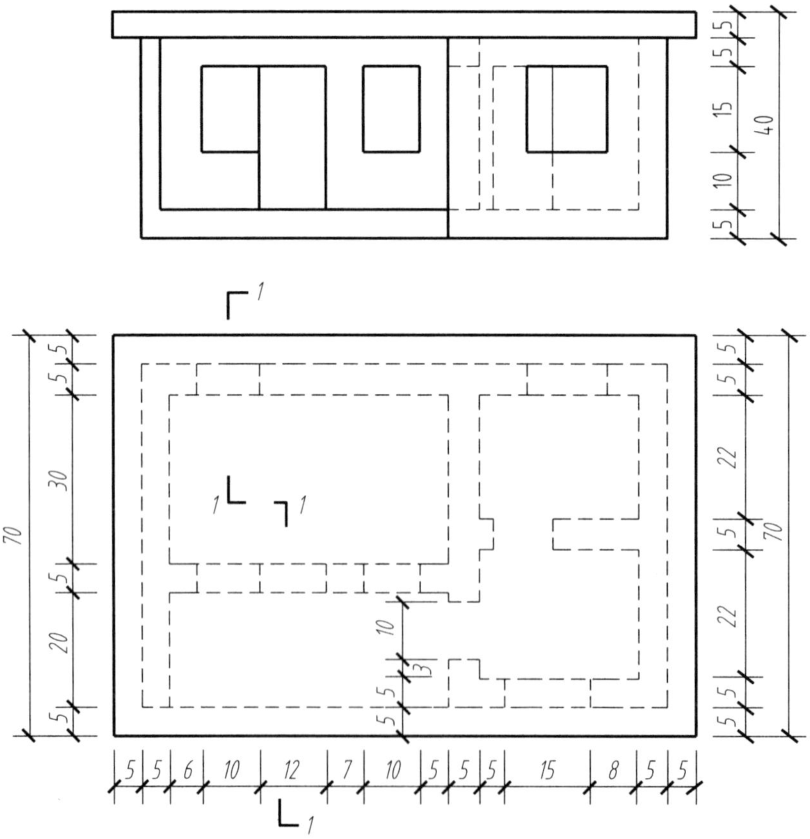

图 3-16

第五题　完成如图3-17和图3-18所示建筑平面图的绘制并标注尺寸。(40分)

要求：1. A3图幅，比例1∶100。

2. 应按国家标准绘制图幅、图框、标题栏。图框要留出装订边，标题栏样式见图3-17。

3. 图线、字体、尺寸、图例等应符合国家房屋建筑制图相关标准。

4. 平面图中门用45°开启线表示。

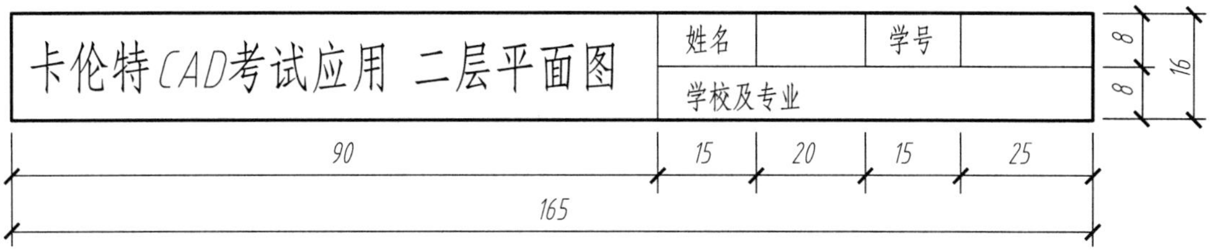

图3-17

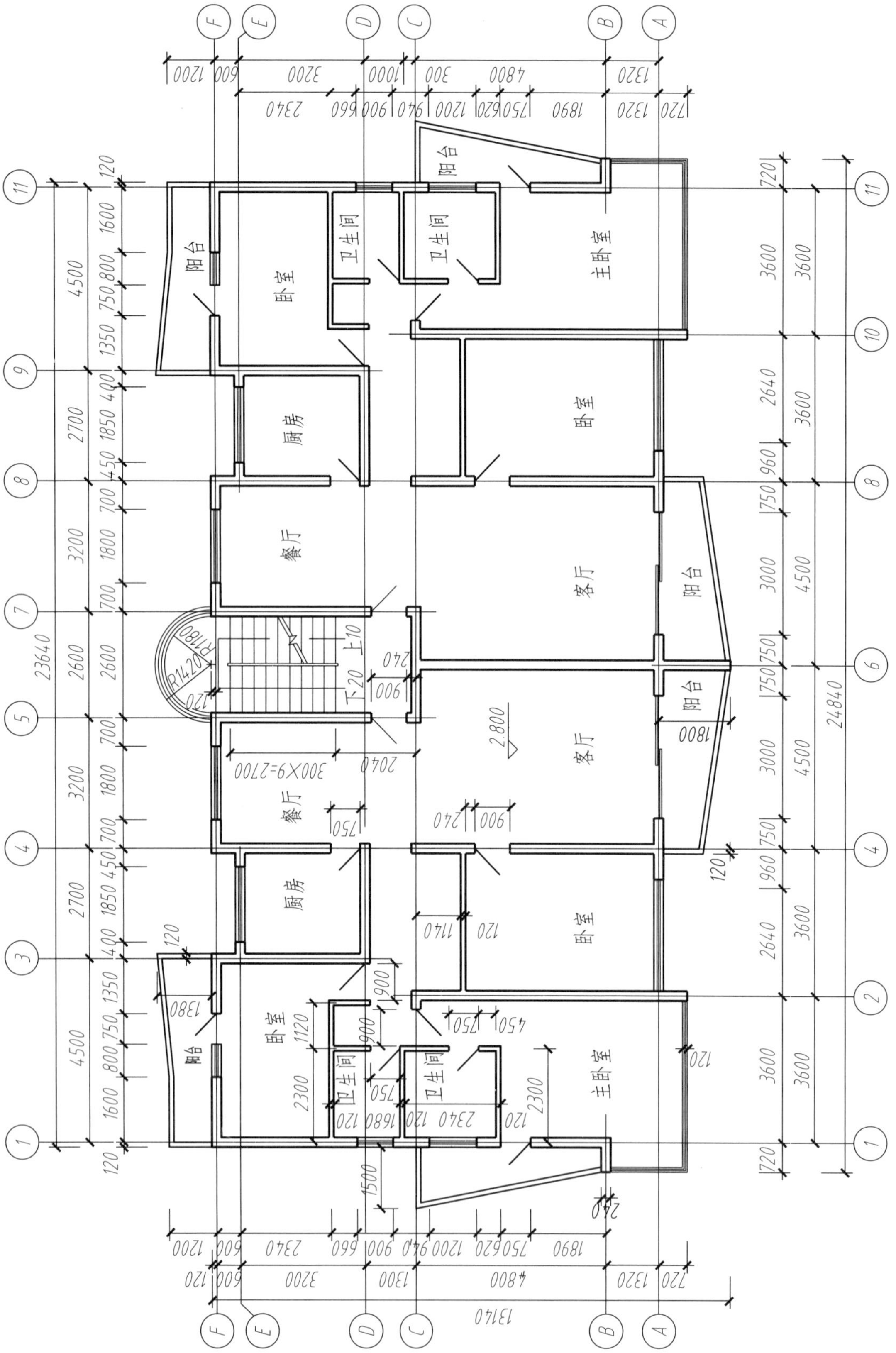

二层平面图 1:100

图 3-18

附录　参考答案

一、建筑绘图模拟试卷（一）

第一题

1. C　　2. B　　3. A　　4. D　　5. C

第三题

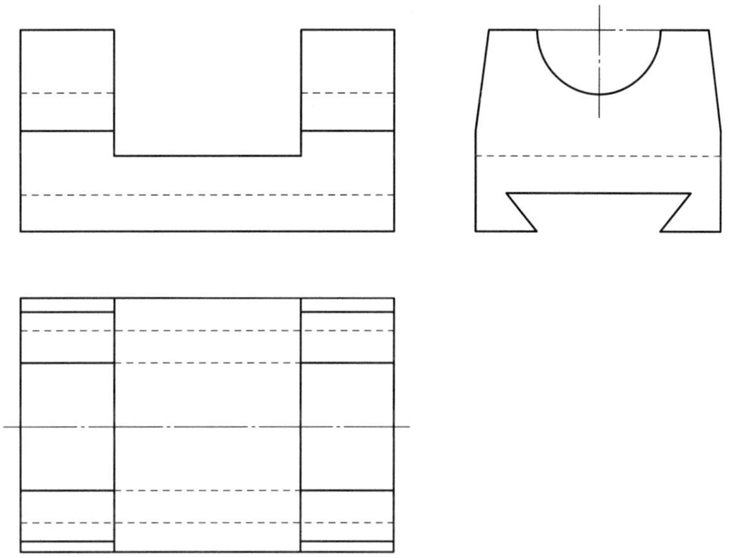

第四题

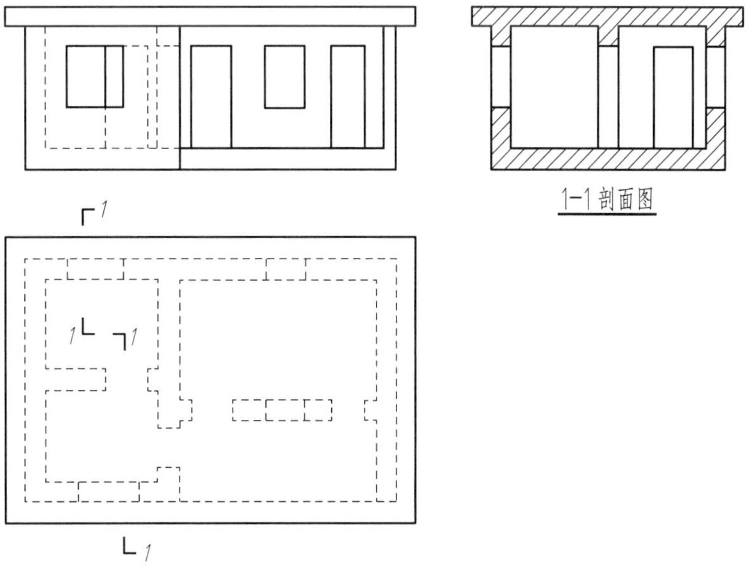

二、建筑绘图模拟试卷(二)

第一题

1. C　2. A　3. A　4. D　5. C

第三题

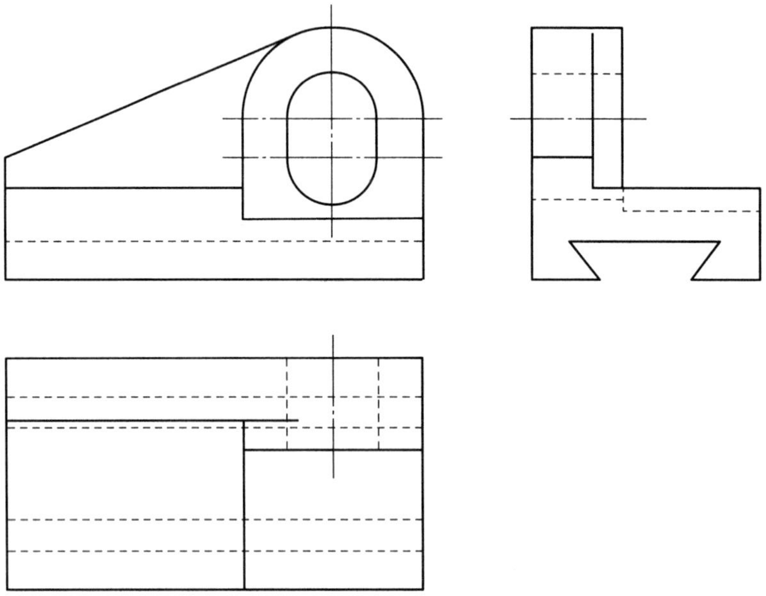

第四题

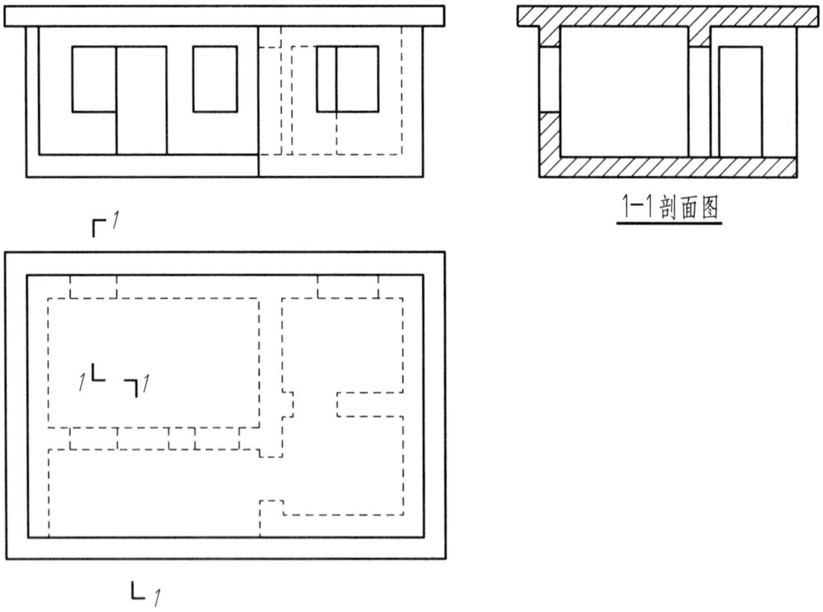